U0019291

訂製 韓國咖啡店的人氣甜點

來自首爾 Room For Cake 烘焙教室的原創配方大公開

訂製 韓國咖啡店的 人氣甜點

來自首爾 Room For Cake 烘焙教室的原創配方大公開

Atelier Room For Cake

Prologue

"You Always Have Room For Cake!"

人們總說甜點是另一個胃，無論吃再多飯，都很難拋開甜點的甜蜜誘惑。「Room For Cake」就是我們特地為甜點清出的胃袋空間。以甜蜜滋味與華麗的外表，擄獲人們視覺與味覺的馬卡龍、草莓鮮奶油蛋糕、巧克力碎片餅乾……美味的甜點能使我們的人生更加幸福。

本書中收錄許多能填滿我們的「Room For Cake」的甜點食譜。不僅有最適合送禮的達克瓦茲和馬卡龍，還有幾種連初學者都能輕鬆、愉快完成的餅乾。此外也介紹了雖然被歸類在甜點，但卻能代替正餐的司康與磅蛋糕、適合搭配下午茶的瑪德蓮與費南雪等。還有可以讓特定的日子變得更加特別的鮮奶油蛋糕、在平凡的日子裡也能輕鬆享用的杯子蛋糕等，所有的食譜與詳細的訣竅，都以簡單易懂的方式收錄在書中。

決定出書之後，我花費很多心思在構思甜點與食譜上，希望能藉此讓大家在家裡自己動手做時，也能做出不輸咖啡廳甜點的成品。在規劃食譜的時候，也盡量避免需要準備複雜材料或稀有材料的情況，讓大家用線上烘焙商城就能買到的工具與食材製作。

為了讓讀者能配合個人的目的與喜好，迅速找到合適的食譜，我收錄了很多不同類型的食譜。書中收錄從餅乾到蛋糕等多種甜點，每一種食譜也都提供深入的介紹。例如馬卡龍，我就提供了法式蛋白霜、義式蛋白霜、在餅殼上加入圖案、雙色馬卡龍等多種不同的技巧。也分別收錄了12種餅乾與蛋糕的食譜，讓大家能夠體驗更豐富的美味與口感。

書中的食譜已經分步驟提供詳細的照片與說明，重複的過程也另外仔細整理起來，需要的時候可至參考頁面確認。材料與工具也都一一詳細介紹，請大家一定要先確認後再開始製作。

那現在要不要來量一下食材的份量、預熱一下烤箱了呢？
我覺得烘焙就像一個好朋友，能夠陪我們走過一輩子。為了心愛的人、為了想分享的對象，花費時間烘焙的過程，本身就是很有誠意的禮物。用好的食材，親手完成每一個步驟，會發現雜念在過程中一一消失。當你在煩惱今天該做哪種甜點的時候，希望你最先想到的會是《訂製韓國咖啡店人氣甜點》這本書。

朴志英 (Room For Cake)

Contents

•BASIC GUIDE•

達克瓦茲
Dacquoise

CHAPTER 2

馬卡龍
Macaron

CHAPTER 3

餅乾
Cookie

CHAPTER 4 司康 Scone

CHAPTER 5

磅蛋糕

Pound

瑪德蓮 & 費南雪

Madeleine & Financier

CHAPTER

7

蛋糕

Cake

準備烘焙

準備烤盤與模具

開始烘焙時，首先要做的事情就是準備模具。這個工作看似簡單，但若不先準備好而是拖到最後再處理，會使已經做好的麵糊變質，所以千萬記得要先準備好喔。

如果是使用模具，別忘記先把烤盤紙裁切成合適的大小，或是在模具邊緣抹上奶油。如果是使用烤盤直接裝盤、烘烤的話，別忘記鋪上烤盤紙或鐵氟龍布，這樣才能縮短麵糊完成到進入烤箱之間的等待時間。

tip

「裝盤」是指將完成的麵糊或麵團放在烤盤上的意思，也就是將餅乾麵團塑形後放到餅乾烤盤上，或是將蛋糕麵糊倒入蛋糕烤模中的作業。

準備材料

大部分的材料都要分別秤過，不過粉類的材料在分別秤過之後，還必須篩二至三次。過篩之後少量的膨脹劑、鹽巴等食材，才會均勻散佈其中，粉類材料也會更輕盈，攪拌麵糊時也能減少結塊的現象發生。

預熱烤箱

烤盤、工具、材料都準備好後，在正式開始做甜點之前請先預熱烤箱。每一個食譜都有註記烤箱溫度與時間，請參考建議再預熱烤箱。本書使用SMEG這個牌子的烤箱（對流烤箱），不過即使用相同牌子、相同型號，烤箱還是可能會有熱度的差異，所以每台烤箱的溫度設定多少會有些不同。建議用不同的食譜多測試幾次，很快就能掌握到調整的秘訣。

烘焙工具

模具

請參考食譜確認模具的尺寸、大小，準備合適的模具。有時候會視完成品的數量而需要不同數量的模具，建議最好先想好數量。模具各有不同特性，有些可以直接倒入麵糊，有些則需要鋪烤盤紙，也有一些必須在邊緣抹上奶油等，是否需要前處理與處理的方法都各不相同。食譜中有詳細的說明，請務必確認。

鍋具與溫度計

鍋具：烘焙應該像料理時一樣配合用途選擇合適的鍋具。隔水加熱鍋較寬大，材質較薄，可以很快把水煮沸，而做奶油時則會使用厚度適中的不鏽鋼鍋。家庭烘焙用的糖漿份量通常都很少，建議準備一個小糖漿鍋就好。

溫度計：一定要使用烘焙用溫度計。煮糖漿時溫度必須要達到攝氏118度，所以購買時記得確認溫度的範圍。

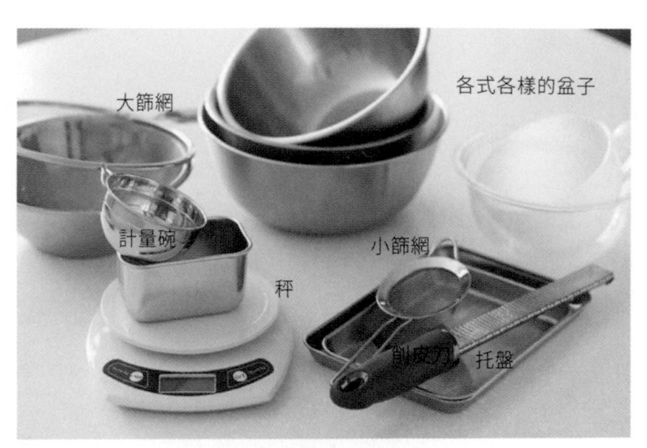

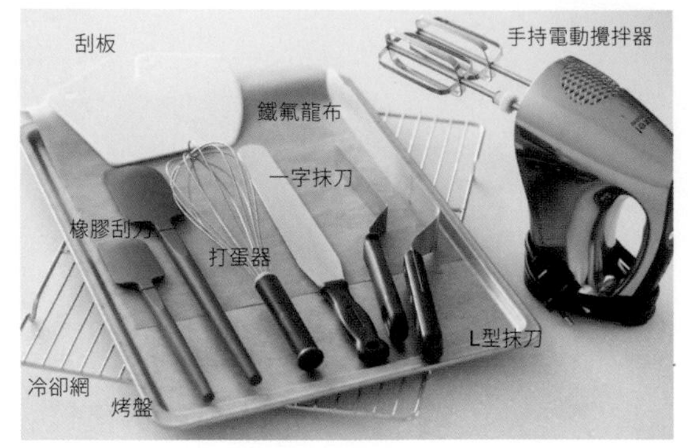

盆子、篩網與托盤等

盆子：建議多準備幾個尺寸，這樣烘焙作業會更輕鬆有彈性。製作過程主要會使用不鏽鋼盆，準備材料時也會用到小盆子。

篩網：大篩網主要用於讓粉類材料過篩，小篩網則用於裝飾用可可粉、肉桂粉。

秤：烘焙時秤是不可或缺的工具！購買電子秤時，請務必確認可測量的最大重量與最小單位，最好選擇可測量最大值在1公斤以上，最小單位是0.1克或1克的電子秤。

托盤：跟盆子一樣大會比較方便。準備食材時或製作過程中可以用於放置刮刀、攪拌器等工具，在做馬卡龍夾心時也能派上用場。

削皮刀：在削檸檬、萊姆等柑橘類的皮時使用。皮內側的白色部分不會用到，只需要外側薄薄的一層皮，建議最好使用專門的削皮刀來處理。

刮刀、攪拌器、抹刀等

橡膠刮刀：通常使用橡膠材質，很好出力而且又有彈性，適合攪拌麵糊，也能把容器裡剩餘的材料刮乾淨。

攪拌器：會使用打蛋器和手持電動攪拌器兩種。製作蛋白霜或打發鮮奶油時，會使用較強力的手持電動攪拌機，其他不太需要用力的麵糊，就會用到手動攪拌器。

抹刀：依形狀分為一字抹刀與L型抹刀。一字抹刀主要用於蛋糕的糖霜，L型抹刀則是在送入烤箱之前用來把麵糊整平。

刮板：用於拌麵糊、把奶油裝入擠花袋，或是像L型抹刀那樣把麵糊整平時使用的工具。

烤盤：配合烤箱的大小選擇，記得先鋪鐵氟龍布再放上麵團，這樣才能避免烤出來的成品黏在烤盤上。

冷卻網：建議選擇可以接觸熱燙烤盤或烘焙成品的安全材質。

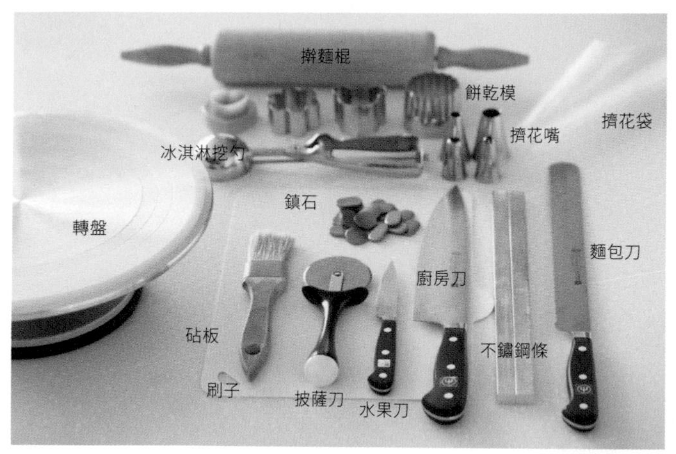

其他工具

刀子與砧板：烘焙時會用到的刀子種類比我們預期的要多。像是切蛋糕時會用到有鋸齒的麵包刀、切餅乾麵團時會使用廚房刀、刮香草籽或處理材料時則會使用水果刀，有時也會視需求以披薩切割刀取代刀子。另外，在切麵團的時候應用砧板做輔助，可以避免工作桌面上產生刀痕。

不鏽鋼條：用來將麵團擀成一定厚度，或在裁切蛋糕時用來固定蛋糕。

刷子：請使用烘焙用甜點刷。可以用來把糖漿抹在蛋糕上，或將蛋汁抹在麵團上。

餅乾模：可以一次買多種形狀與材質的餅乾模。除了塑膠以外，其他材質都很容易生鏽，建議清洗完後要立刻把水擦掉並烘乾。

鎮石：在烤塔類的時候，可以用鎮石壓著避免麵團浮起來。也可以用米或豆子代替鎮石。

冰淇淋挖勺：挖麵團、裝盤時使用，便於挖取固定份量的麵團。

擀麵棍：用於將麵團擀平。主要是木製，用過清洗完畢後應保持乾燥才不會壞掉。

轉盤：蛋糕上糖霜或鮮奶油使用，最好選擇轉的時候感覺有點重量的轉盤。

擠花嘴與擠花袋：將奶油和麵糊裝在擠花袋裡，再裝上擠花嘴，就能擠出理想的形狀。

烘焙材料

粉類

麵粉：隨蛋白質含量分成低筋、中筋、高筋等類型，烘焙時主要使用蛋白質最少、麵筋形成最少的低筋麵粉，偶爾也會使用中筋麵粉。

可可粉、抹茶：是同時能上色、增添風味的食材。通常會跟麵粉一起過篩，建議多篩幾次，讓可可和抹茶的顏色能均勻分散。

杏仁粉：杏仁磨碎製成，比杏仁更容易壞，味道跟狀態都容易變質，建議使用後剩餘的份量應密封冷藏或冷凍。是達克瓦茲與馬卡龍的必備材料。

泡打粉：只要在麵團中加一點泡打粉，就可以幫助麵團順利膨脹的膨脹劑。過期後膨脹的功能會變差，建議放太久的泡打粉就不要用了。

鹽巴：建議使用能篩成極細顆粒的海鹽，這樣加進麵團或麵糊中才能完全溶解。

砂糖、糖

白砂糖、黃砂糖：用超市能買到的糖就好。砂糖視食譜的需求，有時需要分好幾次加入，建議一定要分次秤重。

糖粉：砂糖磨碎稱為糖粉或粉糖。如果是直接將砂糖磨碎使用，比較沒辦法磨得像市售糖粉那麼細。請一定要準備糖粉。

糖漿、蜂蜜：希望烤出來的成品更加濕潤時使用，請避免使用香味較強的蜂蜜。

雞蛋

雞蛋通常要先打好，放在室溫（攝氏20至25度）下準備著。視食譜的需求，會需要分雞蛋（全蛋）、蛋黃、蛋白來用。使用雞蛋（全蛋）時，應將蛋白與蛋黃完全混合後再秤重。一顆雞蛋重量大約是50克上下，蛋黃佔15至18克，蛋白則約30至33克，秤重時可以參考。

乳製品

奶油：通常是低溫使用，也會需要維持在室溫或以融化的狀態使用。低溫使用時應先視需求秤重，然後把準備好的奶油放進冰箱，要用之前再拿出來。室溫狀態的奶油則應維持在用手指按壓時，會稍微有點凹陷的狀態。使用融化奶油時，應該要加熱至微溫後拌進麵糊中。

牛奶：請將一般牛奶（不用低脂肪牛奶）放至室溫後使用。

鮮奶油：應使用乳脂肪約百分之38的動物性鮮奶油。如果是打發作為糖霜用，則應冷藏低溫保存再打發。

起司：奶油起司通常偏酸且紮實。馬斯卡彭起司則有濃濃的牛奶香，非常柔軟。兩種都應冷藏保存，保存期限也不常，故購買後最好馬上用完。本書中的食譜為了做出稍鹹的口味，使用了切達起司和帕馬森起司，這兩種都可以冷凍。

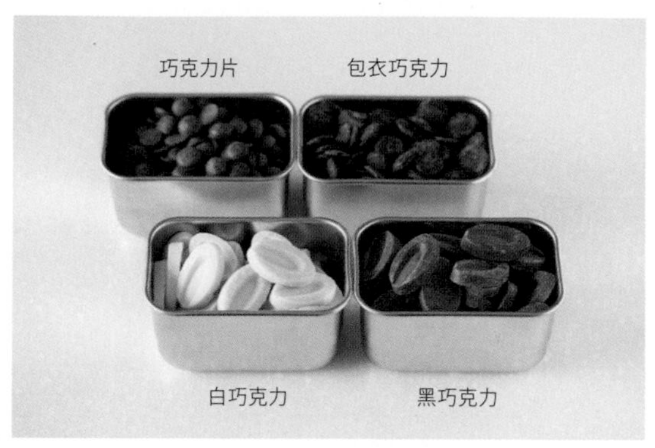

巧克力

黑巧克力：請使用可可含量在百分之50以上的巧克力。可可含量越高就越不甜，相對也越苦。本書的食譜推薦使用可可含量百分之50至百分之65的巧克力。

白巧克力：與黑巧克力、牛奶巧克力不同，白巧克力中不含可可漿，特色是會散發甜甜的奶粉味。

巧克力片：巧克力片也有分黑巧克力片、牛奶巧克力片跟白巧克力片，本書中使用的是黑巧克力片。

包衣巧克力：經過隔水加熱、微波爐加熱後將巧克力完全融化，用於塗抹在成品外，冷卻之後凝固成巧克力外衣的巧克力。

裝飾用品

轉印紙：在用巧克力裝飾時使用。融化的巧克力在凝固之前放到轉印紙上，凝固之後就會產生轉印紙的圖案。書中在巧克力馬卡龍（78頁）食譜中有用到轉印紙。

巧克力球、巧克力米：可食用的裝飾物。巧克力米主要由砂糖製成，保存時請避免受潮。

食用色素：凝膠型和液體型使用較為方便。一次加入大量食用色素，讓顏色變得太濃郁的話會不好調整，建議少量添加，慢慢調整成理想的顏色。

利口酒、香辛料

利口酒：烘焙中主要使用具果香的利口酒。覆盆子、柳橙利口酒不僅能在需要增添覆盆子或柳橙風味時能派上用場，也經常用於去腥或是希望讓烘焙成品更香。

香草豆莢、香草濃縮液：香草豆莢是又黑又長的豆莢，通常在使用之前用刀子切開，把香草籽挖出來加入麵糊中。剩下的空豆莢則曬乾後加入砂糖，讓糖吸收香草的味道，或煮安格列斯奶油霜時使用。香草濃縮液是將香草豆莢泡在萊姆酒或白蘭地中，萃取其香味製成的產品，價格比香草豆莢便宜，使用也很方便。

肉桂粉：烘焙中最常使用的香辛料，通常都只加一點點，秤重時要多注意。

打發鮮奶油

用打蛋器或電動攪拌器把鮮奶油打發，鮮奶油就會漸漸變得紮實，可以塗抹在蛋糕上或擠成不同的形狀。也能跟其他材料混合、裝飾，建議配合不同的用途打發使用。鮮奶油計量後倒入盆子裡，放入冰箱低溫冷藏再用，這樣會比較容易打發。

打發 50~60%

打發後仍然呈現十分柔軟的狀態，用於與起司等其他材料混合。打發後挖起時雖不會留下痕跡，但仍比原本的液體狀稍黏稠一些。

打發 70~80%

適合用來塗抹蛋糕或做裝飾用擠花。打發時會留下打發刀的痕跡，打發後挖起時雖然不會呈現完美的尖角狀，但仍能拉出一個角。

打發 90~100%

用於做夾心奶油或蛋糕捲的奶油。打發時會覺得有阻力，可以清楚地看見打發刀留下的痕跡，打發完後將奶油挖起可以拉出一個尖角。

製作安格列斯奶油霜

讓我們先來了解一下用於馬卡龍、達可瓦茲或蛋糕的安格列斯奶油霜該怎麼做。一次最少要做300克，所以即使食譜要求的份量低於300克，也請參考這個配方來製作，然後再視需求取用，或是準備好相應份量的餅殼、餅皮、蛋糕等，一次把300克全部用掉。
本書中會用到安格列斯奶油霜的食譜如下，我也把能用300克安格列斯奶油霜製作的份量一起附上。

馬卡龍48個（2組）／達克瓦茲16個（2組）／紅蘿蔔蛋糕1個／杯子蛋糕6至12個

ingredient
牛奶50克、蛋黃50克、砂糖50克、奶油200克

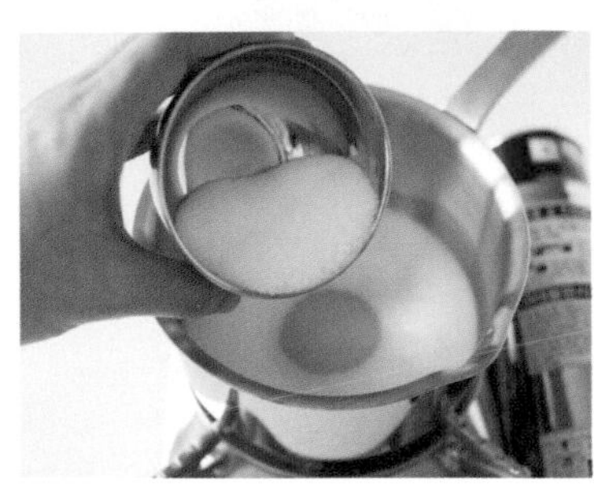

1 將二分之一的砂糖倒入鍋中，開火加熱。

2 將剩餘的砂糖跟蛋黃加在一起。

3 用打蛋器拌勻。

4 待步驟1的牛奶變熱後就倒入步驟3的盆中，邊倒邊用打蛋器攪拌。

5 將步驟4的蛋奶汁倒入步驟1用來熱牛奶的鍋子。

6 開火後用橡膠刮刀攪拌，避免鍋子底部的蛋奶汁燒焦。等液體漸漸變黏稠之後，就邊煮邊用溫度計確認溫度。

7 溫度到達攝氏80至85度之後就可以關火，安格列斯醬就完成了。

8 把煮好的安格列斯醬倒入盆中，放在冰水裡冷卻，讓安格列斯醬降至跟室溫一樣的溫度。

9 將室溫狀態的奶油切開加入安格列斯醬中攪拌。

10 用手持電動攪拌機將安格列斯醬與奶油拌在一起，拌勻後奶油安格列斯奶油霜就完成了。

11 這是安格列斯奶油霜完成後的樣子。

處理柑橘類果皮

本書中的林茲餅乾、檸檬蛋糕等都會用到果皮，讓我們來學一下怎麼處理吧。將檸檬、萊姆、柳橙等水果用醋或蘇打粉洗乾淨之後將水擦乾，然後用削皮刀削下薄薄的果皮，注意果皮內側的白色部分不會拿來使用。

製作擠花袋

一起來學怎麼做鮮奶油裝飾時會用到的擠花袋。
會在本書中的造型餅乾（參考114頁）派上用場。

1 將正方形的烤盤紙對半切成兩個三角形。

2 將三角形的烤盤紙擺放成如圖所示的方向，再將其中一邊往內翻約三分之一。

3 另一邊也用同樣的方法翻過來。

4 讓交疊的左右兩端在正後方疊合，將烘焙紙調整成牛角的形狀。

5 從左右兩端的交疊處向內摺，就能夠讓烘焙紙固定不散開。接著把融化的巧克力或鮮奶油裝入其中，再用剪刀把尖角稍微剪開一點點就可以使用了。

擠花袋的使用方法

1 將擠花嘴放入擠花袋中並往下推到合適的位置，並用剪刀稍微剪開做記號，通常是會讓擠花嘴的前三分之一露在擠花袋的外面。

2 稍微移動一下擠花嘴，然後用剪刀從做記號的地方將擠花袋剪開。

3 把擠花嘴從擠花袋前端剪開的孔推出去，然後再把擠花袋塞進擠花嘴後方的開口中。這樣在擠花袋裝入內容物時，才能避免內容物從擠花嘴流出來。

4 要將內容物裝入擠花袋時，可以像這樣用杯子固定擠花袋。

CHAPTER 1

達克瓦茲

在開始做
達克瓦茲
之前

達克瓦茲跟馬卡龍一樣，會使用蛋白與砂糖製成的蛋白霜。作法是在兩塊餅皮之間，加入充滿奶油香的鮮奶油夾心。

如果想讓達克瓦茲的餅皮酥鬆有嚼勁，那我推薦先熟練基本餅皮的作法，然後再去挑戰添加其他食材的食譜。達克瓦茲的餅皮基本材料有蛋白、砂糖、杏仁粉、糖粉與低筋麵粉，若添加其他的食材，很容易會使蛋白與砂糖製成的蛋白霜塌陷。書中的草莓牛奶達克瓦茲與藍莓起司達克瓦茲都是用基本餅皮，供各位參考。

達克瓦茲是將麵糊填滿達克瓦茲模後烘烤而成，雖然可以不用模具，但畢竟是兩片餅皮加夾心的甜點，最好還是讓餅皮大小一致。書中使用的是基本的達克瓦茲模具，各位可以在烘焙用品商城買到相同造型的迷你模具，或其他不同形狀的壓克力模具。

如果直接將達克瓦茲模具放在烤盤上，烤完之後餅皮會無法跟托盤分離，所以請務必要鋪烤盤紙或鐵氟龍布，再放上達克瓦茲模具。鐵氟龍布的優點是脫模時比烤盤紙更輕鬆，清洗過後也能再使用。

達克瓦茲做好之後就能直接吃，但經過冷藏後等鮮奶油稍微凝固再吃會更美味。冷藏保存可以放兩、三天，風味也更佳。如果加了可以冷凍的內餡，那稍微冷凍一下再吃，就可以享用到類似冰淇淋三明治的美味。

• Dacquoise • 1

Dacquoise

1

草莓牛奶達克瓦茲

Strawberry Milk Dacquoise

加入香草奶油、煉乳與草莓，就能夠做出草莓牛奶的味道。
如果希望達克瓦茲的口味更甜一點，也可以增加煉乳的份量。
如果草莓本身比較酸，讓你覺得有點可惜的話，不如做成達克瓦茲，就能享用到美味的草莓了。

餅殼材料

蛋白 120g
砂糖 40g
杏仁粉 85g
糖粉 50g
*tip.*撒在表面的糖粉另外準備
低筋麵粉 5g

內餡材料

安格列斯奶油霜 150g
tip.請參考第21頁
香草豆莢 1/4個
煉乳 30g
草莓 8個

準備工作

1
將鐵氟龍布鋪在烤盤上，
並把達克瓦茲模具放上去。

2
杏仁粉、糖粉與低筋麵粉
一起過篩。

how to make

烤箱

8個份

溫度攝氏160°C

時間16分鐘

1 將砂糖分3次加入蛋白中，並用手持電動攪拌器高速打發。

2 用中速打發至蛋白霜可拉出尖角，打出紮實的蛋白霜。

3 將過篩好的杏仁粉、糖粉與低筋麵粉倒入步驟2的蛋白霜中，攪拌至看不見粉末顆粒即表示麵糊完成。

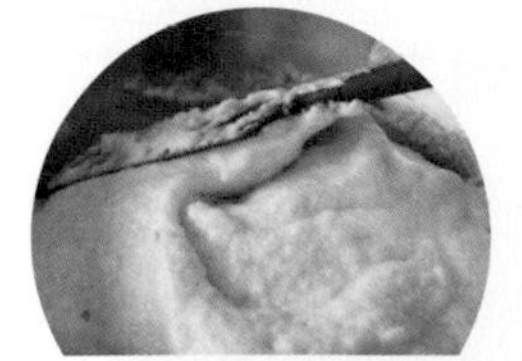
麵糊完成的狀態。

4 將達克瓦茲模具放到鋪了鐵氟龍布的烤盤上，用擠花袋將麵糊填滿模具。

5 用刮板將麵糊表面整平。

6 整到麵糊表面完全平整為止。

7 將達克瓦茲模具往上拿起。

8 另外準備的糖粉過篩兩次之後撒在麵糊上，再放入攝氏160℃的烤箱烤16分鐘。

tip 等第一次撒上的糖粉完全被麵糊吸收之後，再撒第二次的糖粉。

9 等餅殼完全冷卻後，再把餅殼從鐵氟龍布上拿起來。

tip 冷卻之前就把餅殼拿下來，很可能會使餅殼破裂。

10 將香草豆莢對半切開，然後將四分之一的香草籽刮下來使用。

11 將刮下來的香草籽加入安格列斯奶油霜當中拌勻。

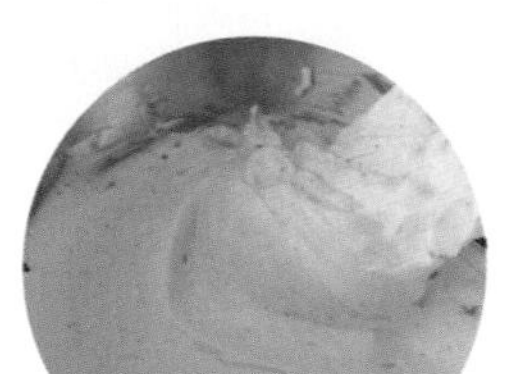

奶油霜完成的樣子。

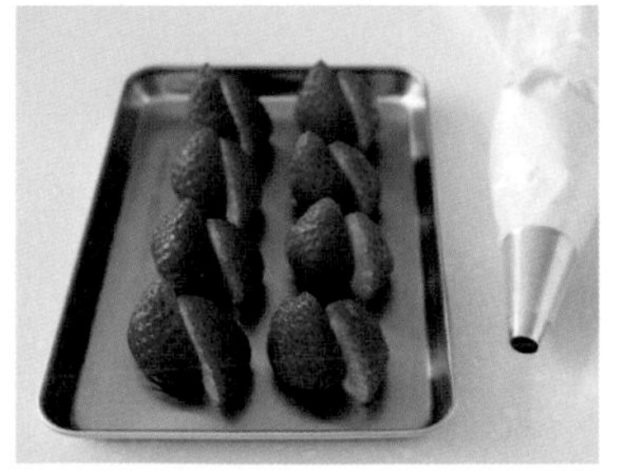

12 將草莓對半切開，並把煉乳裝入擠花袋中。香草奶油則裝入使用圓形擠花嘴的擠花袋中。

13 兩張餅殼一組，分配好之後在其中一片餅殼的邊緣擠上一圈奶油，中間再用煉乳填滿。

tip 如果煉乳太多，放上草莓時可能會使煉乳溢出，如果加的煉乳比食譜指定的量更多就需要留意。

14 將草莓放在煉乳與奶油上，在另一片餅殼上稍微擠一點奶油，再蓋到草莓上就完成了。

• Dacquoise • 2

Dacquoise

2

巧克力櫻桃達克瓦茲

Chocolate Cherry Dacquoise

適合搭配巧克力的水果雖然很多，不過櫻桃擁有與巧克力相似的濃郁滋味與色澤，
是極具魅力的組合，尤其跟黑巧克力最搭。

餅殼材料

蛋白 120g
砂糖 40g
杏仁粉 85g
糖粉 50g
*tip.*撒在表面的糖粉另外準備
可可粉 5g
低筋麵粉 5g

內餡材料

安格列斯奶油霜 150g
*tip.*請參考第21頁
黑巧克力 30g
櫻桃 8個

準備工作

1
將鐵氟龍布鋪在烤盤上，
並把達克瓦茲模具放上去。

2
杏仁粉、糖粉、可可粉與
低筋麵粉一起過篩。

how to make

烤箱

8個份

溫度攝氏160°C

時間16分鐘

1 將砂糖分3次加入蛋白中，並用手持電動攪拌器高速打發。

2 用中速打發至蛋白霜可拉出尖角，打出紮實的蛋白霜。

3 將過篩好的杏仁粉、糖粉、可可粉與低筋麵粉倒入步驟2的蛋白霜中，攪拌至看不見粉末顆粒即表示麵糊完成。

麵糊完成的狀態。

4 將達克瓦茲模具放到鋪了鐵氟龍布的烤盤上，用擠花袋將麵糊填滿模具。

5 用刮板將麵糊表面整平。

6 將達克瓦茲模具往上拿起。

7 將另外準備的糖粉過篩兩次之後撒在麵糊上，再放入攝氏160℃的烤箱烤16分鐘。

等第一次撒上的糖粉完全被麵糊吸收之後，再撒第二次的糖粉。

8 等餅殼完全冷卻後，再把餅殼從鐵氟龍布上拿起來。

冷卻之前就把餅殼拿下來，很可能會使餅殼破裂。

9 將融化的巧克力加入安格列斯奶油霜當中拌勻。

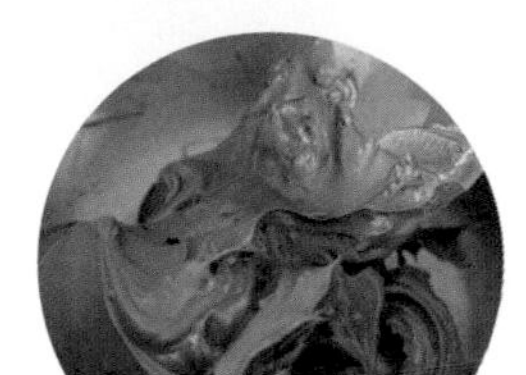

奶油霜完成的樣子。

巧克力可隔水加熱或用微波爐融化，融化的巧克力應放到微溫的狀態後再使用。

10 將奶油裝入使用圓形擠花嘴的擠花袋中。櫻桃去籽後對半切開。兩張餅殼一組，在其中一片餅殼的邊緣擠上一圈奶油，中間再用奶油填滿。

11 放上櫻桃，接著另一片餅殼上稍微擠一點奶油，再蓋到櫻桃上就完成了。

Lotus
Lotus
Lotus
Lotus

Dacquoise

3

蓮花餅乾達克瓦茲

Lotus Dacquoise

最適合搭配咖啡的甜點就是蓮花餅乾，
而我試著把這個絕妙的組合運用在達克瓦茲上。加了咖啡奶油的蓮花餅乾，
好像可以想像那個味道，實在讓人忍不住想一嘗究竟！

餅殼材料

蛋白 120g
砂糖 40g
杏仁粉 85g
糖粉 50g
*tip.*撒在表面的糖粉另外準備
蓮花餅乾粉 10g
低筋麵粉 5g

內餡材料

安格列斯奶油霜 150g
*tip.*請參考第21頁
咖啡濃縮液 7g
蓮花餅乾 8個

準備工作

1
將鐵氟龍布鋪在烤盤上，
並把達克瓦茲模具放上去。

2
杏仁粉、糖粉、蓮花餅乾粉
與低筋麵粉一起過篩。

how to make

烤箱

8個份

溫度攝氏160°C

時間16分鐘

1 將砂糖分3次加入蛋白中，並用手持電動攪拌器高速打發。

2 用中速打發至蛋白霜可拉出尖角，打出紮實的蛋白霜。

3 將蓮花餅乾用食物處理器打碎。

如果沒有食物處理器，也可以將餅乾裝入夾鏈密封袋中，用擀麵棍壓成細碎的粉末。

4 將過篩好的杏仁粉、糖粉、蓮花餅乾粉與低筋麵粉倒入步驟2的蛋白霜中，攪拌至看不見粉末顆粒即表示麵糊完成。

麵糊完成的狀態。

5 將達克瓦茲模具放到鋪了鐵氟龍布的烤盤上，將麵糊裝入圓形擠花嘴的擠花袋中，再用擠花袋將麵糊填滿模具。

6 用刮板將麵糊表面整平。

7 將達克瓦茲模具往上拿起。

8 將另外準備的糖粉過篩兩次之後撒在麵糊上，再放入攝氏160℃的烤箱烤16分鐘。

tip 等第一次撒上的糖粉完全被麵糊吸收之後，再撒第二次的糖粉。

9 等餅殼完全冷卻後，再把餅殼從鐵氟龍布上拿起來。

tip 冷卻之前就把餅殼拿下來，很可能會使餅殼破裂。

10 將咖啡濃縮液加入安格列斯奶油霜當中拌勻。

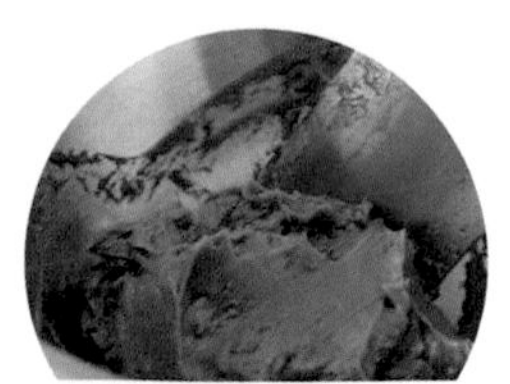

奶油霜完成的樣子。

11 將奶油裝入使用鋸齒花嘴的擠花袋中。兩片餅殼一組，並在其中一片餅殼擠上奶油。

12 將蓮花餅乾放在擠了奶油的餅殼上，接著在另一片餅殼上擠一點奶油，蓋到蓮花餅乾上就完成了。

• Dacquoise •

4

Dacquoise

4

藍莓起司達克瓦茲

Blueberry Cheese Dacquoise

藍莓散發著偏向深紅色的紫色光芒，令人留下深刻印象。
除了顏色之外，藍莓的強烈味道本身也讓人十分難忘。
而搭配奶油起司能夠襯托藍莓與眾不同的美味，不如就用達克瓦茲品嘗看看這獨具魅力的組合吧。

餅殼材料

蛋白 120g
砂糖 40g
杏仁粉 85g
糖粉 50g
*tip.*撒在表面的糖粉另外準備
低筋麵粉 5g

內餡材料

安格列斯奶油霜 150g
*tip.*請參考第21頁
無糖藍莓果醬 40g + 30g
奶油起司 60g

準備工作

1
將鐵氟龍布鋪在烤盤上，
並把達克瓦茲模具放上去。

2
杏仁粉、糖粉與低筋麵粉
一起過篩。

how to make

烤箱

8個份

溫度攝氏160°C

時間16分鐘

1 將砂糖分3次加入蛋白中，並用手持電動攪拌器高速打發。

2 用中速打發至蛋白霜可拉出尖角，打出紮實的蛋白霜。

3 將過篩好的杏仁粉、糖粉與低筋麵粉倒入步驟2的蛋白霜中，攪拌至看不見粉末顆粒即表示麵糊完成。

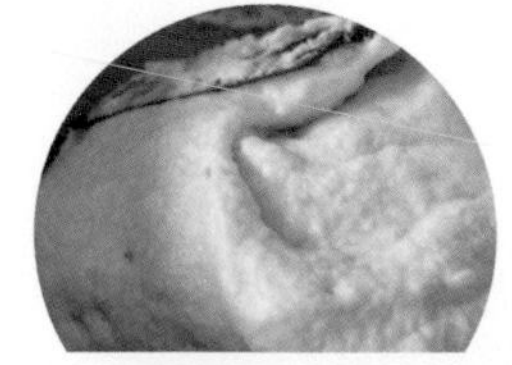
麵糊完成的狀態。

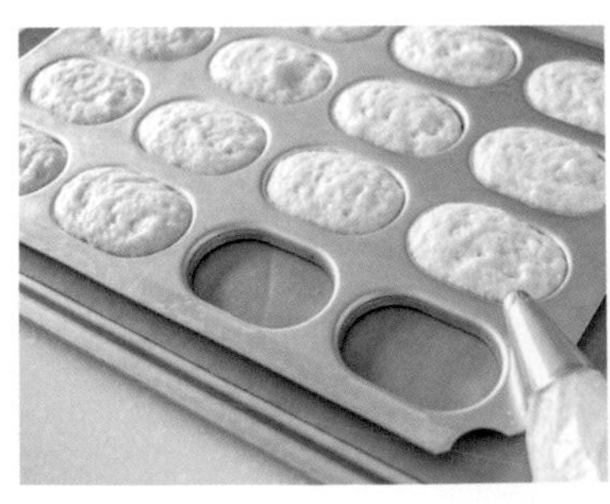

4 將達克瓦茲模具放到鋪了鐵氟龍布的烤盤上，將麵糊裝入圓形擠花嘴的擠花袋中，再用擠花袋將麵糊填滿模具。

5 用刮板將麵糊表面整平。

6 將達克瓦茲模具往上拿起。

7 將另外準備的糖粉過篩兩次之後撒在麵糊上，再放入攝氏160℃的烤箱烤16分鐘。

tip 等第一次撒上的糖粉完全被麵糊吸收之後，再撒第二次的糖粉。

8 等餅殼完全冷卻後，再把餅殼從鐵氟龍布上拿起來。

tip 冷卻之前就把餅殼拿下來，很可能會使餅殼破裂。

9 將40克的藍莓醬加入安格列斯奶油霜當中拌勻。

奶油霜完成的樣子。

10 將奶油裝入使用圓形擠花嘴的擠花袋中。兩片餅殼一組，並沿著其中一片餅殼的邊緣擠一圈奶油，再將30克蘭莓果醬分成8等分，填滿中間空心的部分。

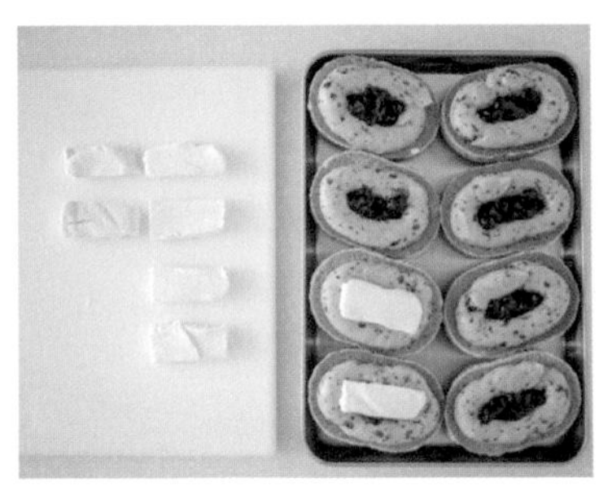

11 將奶油起司分成8等分，一片一片放在藍莓果醬上。

12 接著在另一片餅殼上擠一點奶油，再蓋到奶油起司上就完成了。

5 • Dacquoise •

Dacquoise

5

麵茶達克瓦茲

Grain Powder Dacquoise

達克瓦茲的餅殼通常都會加入香噴噴的杏仁粉，
而為了讓堅果的香味升級，這次我在餅殼與奶油中加入了麵茶粉。
對不喜歡太甜、太刺激口味的人來說，這會是最好的甜點。

餅殼材料

蛋白 120g
砂糖 40g
杏仁粉 85g
糖粉 50g
*tip.*撒在表面的糖粉另外準備
麵茶粉 10g
低筋麵粉 5g

內餡材料

安格列斯奶油霜 150g
*tip.*請參考第21頁
麵茶粉 10g
雜糧餅乾8個

準備工作

1
將鐵氟龍布鋪在烤盤上，
並把達克瓦茲模具放上去。

2
杏仁粉、糖粉、麵茶粉與
低筋麵粉一起過篩。

how to make

烤箱

8個份

溫度攝氏160°C

時間16分鐘

1 將砂糖分3次加入蛋白中，並用手持電動攪拌器高速打發。

2 用中速打發至蛋白霜可拉出尖角，打出紮實的蛋白霜。

3 將過篩好的杏仁粉、糖粉、麵茶粉與低筋麵粉倒入步驟2的蛋白霜中，攪拌至看不見粉末顆粒即表示麵糊完成。

麵糊完成的狀態。

4 將達克瓦茲模具放到鋪了鐵氟龍布的烤盤上，將麵糊裝入圓形擠花嘴的擠花袋中，再用擠花袋將麵糊填滿模具。

5 用刮板將麵糊表面整平。

6 將達克瓦茲模具往上拿起。

7 將另外準備的糖粉過篩兩次之後撒在麵糊上，再放入攝氏160℃的烤箱烤16分鐘。

tip 等第一次撒上的糖粉完全被麵糊吸收之後，再撒第二次的糖粉。

8 等餅殼完全冷卻後，再把餅殼從鐵氟龍布上拿起來。

tip 冷卻之前就把餅殼拿下來，很可能會使餅殼破裂。

9 將麵茶粉加入安格列斯奶油霜當中拌勻。

奶油霜完成的樣子。

10 將奶油裝入使用星形擠花嘴的擠花袋中。兩片餅殼一組，並沿著其中一片餅殼的邊緣擠一圈奶油。

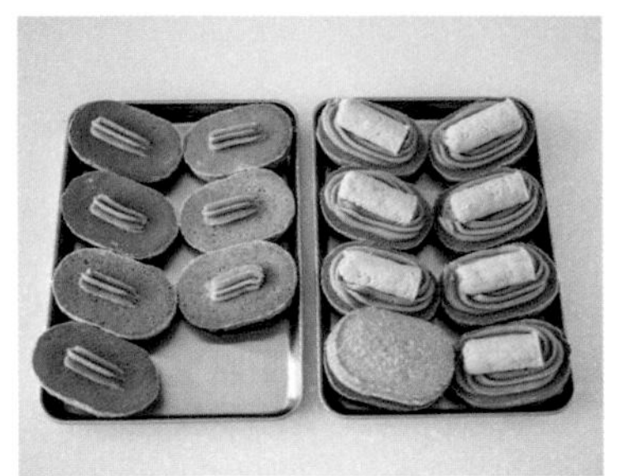

11 放上雜糧餅乾，接著在另一片餅殼上擠一點奶油，再蓋到餅乾上就完成了。

• Dacquoise • 6

Dacquoise

6

草莓夾心達克瓦茲

Crispy Crunch Ice Bar Dacquoise

大家還記得在香草冰淇淋裡加入草莓果醬內餡，外面再用碎巧克力餅乾包裹的冰棒嗎？
我一邊回想著這款小時候愛吃的冰棒，一邊試著用相同的方式做成達克瓦茲。
稍微冷凍一下，讓夾心變得像冰淇淋一樣再吃也很美味喔。

餅殼材料

- 蛋白 120g
- 砂糖 40g
- 杏仁粉 85g
- 糖粉 50g
  tip.撒在表面的糖粉另外準備
- 可可粉 5g
- 低筋麵粉 5g

內餡材料

- 安格列斯奶油霜 150g
  tip.請參考第21頁
- 無糖草莓醬60g
- 餅乾碎片適量

準備工作

1
將鐵氟龍布鋪在烤盤上，
並把達克瓦茲模具放上去。

2
杏仁粉、糖粉、可可粉與
低筋麵粉一起過篩。

how to make

烤箱

8個份

溫度攝氏160°C

時間16分鐘

1 將砂糖分3次加入蛋白中，並用手持電動攪拌器高速打發。

2 用中速打發至蛋白霜可拉出尖角，打出紮實的蛋白霜。

3 將過篩好的杏仁粉、糖粉、可可粉與低筋麵粉倒入步驟2的蛋白霜中，攪拌至看不見粉末顆粒即表示麵糊完成。

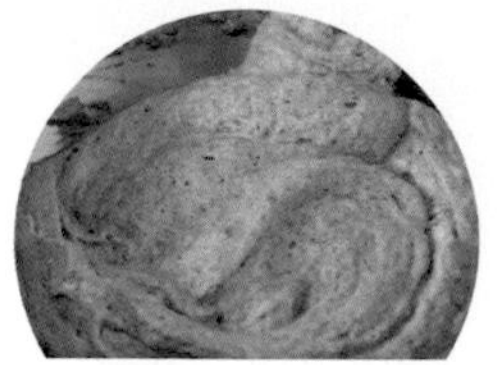

麵糊完成的狀態。

4 將達克瓦茲模具放到鋪了鐵氟龍布的烤盤上，將麵糊裝入圓形擠花嘴的擠花袋中，再用擠花袋將麵糊填滿模具。

5 用刮板將麵糊表面整平。

6 將達克瓦茲模具往上拿起。

7 將另外準備的糖粉過篩兩次之後撒在麵糊上，再放入攝氏160℃的烤箱烤16分鐘。

tip 等第一次撒上的糖粉完全被麵糊吸收之後，再撒第二次的糖粉。

8 等餅殼完全冷卻後，再把餅殼從鐵氟龍布上拿起來。

tip 冷卻之前就把餅殼拿下來，很可能會使餅殼破裂。

9 將奶油裝入使用圓形擠花嘴的擠花袋中。兩片餅殼一組，並沿著其中一片餅殼的邊緣擠一圈奶油，然後在圓心再擠一點奶油。

10 接著在圓心內填入草莓果醬，並在另一片餅殼上擠一點奶油後蓋上去。

11 最後用餅乾碎片填滿達克瓦茲側面露出奶油的部分就完成了。

Signature Dessert

CHAPTER 2

馬卡龍

在開始做馬卡龍之前

馬卡龍是在蛋白霜裡加入杏仁粉製成的經典蛋白霜甜點。本書選擇用不加熱的蛋白與砂糖製成的法式蛋白霜，以及將蛋白煮沸後再倒入糖漿製成的義式蛋白霜兩種，同時也會介紹用這兩種蛋白霜如何製作馬卡龍。與法式蛋白霜製成的馬卡龍相比，義式蛋白霜製成的馬卡龍更有嚼勁，各位可以依照個人喜好選擇。

馬卡龍是用被稱為「coque」的兩片小餅殼加入夾心後製成的甜點，所以建議兩片小餅殼大小最好要一致。為了將麵糊擠成相同大小，建議可以先在紙上畫出相同大小的圓形，圓的大小建議是直徑三公分。用擠花嘴來畫會更方便，建議可以選擇直徑合適的擠花嘴使用。

先把圖紙鋪在烤盤上，然後鋪上鐵氟龍布，接著再擠上麵糊。擠的時候注意麵糊厚度約是一公分，且不要擠滿畫好的圓形，而是要留下一點空間，麵糊會自然而然地散開填滿整個圓。擠完麵糊之後再把圖紙拿起來，拿的時候注意不要讓麵糊散開。

擠好馬卡龍麵糊之後，請先等待麵糊乾燥到用手觸摸時不會沾黏，表面十分光滑的程度。麵糊表面乾燥後的馬卡龍放進烤箱裡烤，餅殼才會出現所謂的「蕾絲裙」。如果想做出美麗的馬卡龍，那請不要忘記這個乾燥的過程。乾燥時間通常需要20至30分鐘，但麵糊的狀態、製作環境、季節等都可能對時間造成影響。

做好的馬卡龍請用密封容器裝起來，在冰箱冷藏一天等待熟成後再吃。熟成期間內餡的水分會被餅殼吸收，讓馬卡龍整體變得濕潤。

• Macaron •
1

Macaron

1

彩虹馬卡龍

Rainbow Macaron

使用法式蛋白霜製成的餅殼，搭配華麗的彩虹奶油製成。
只要熟悉製作彩虹奶油的方法，那無論想加幾種顏色到奶油中都沒問題。

餅殼材料

蛋白 65g
砂糖 55g
杏仁粉 85g
糖粉 85g

內餡材料

安格列斯奶油霜 150g
tip.請參考第21頁
香草濃縮液 2g
食用色素

準備工作

1
將圖紙鋪在烤盤上，
再將鐵氟龍布鋪在圖紙上。

2
杏仁粉、糖粉一起過篩。

how to make

烤箱

24個份

溫度攝氏150°C

時間10至12分鐘

1 將砂糖分3次加入蛋白中，並用手持電動攪拌器高速打發。

2 用中速打發至可拉出尖角，做出紮實的法式蛋白霜。

3 將過篩好的杏仁粉、糖粉倒入蛋白霜中拌在一起。

4 以橡膠刮刀攪拌麵糊，攪拌時先將麵糊塗抹在盆子的周圍，然後再將麵糊往中間拌在一起，重複這個過程就能完成馬卡龍的麵糊（去除麵糊中的氣泡）。

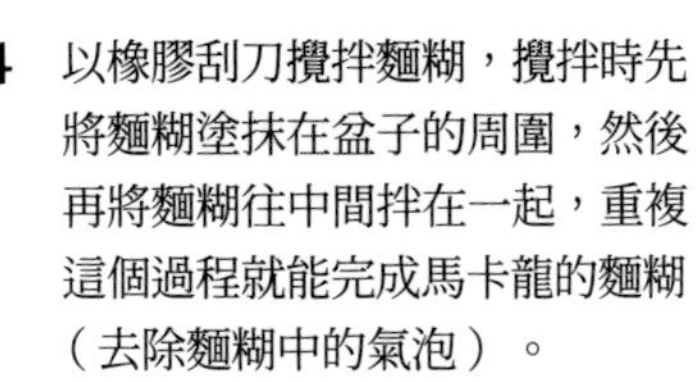

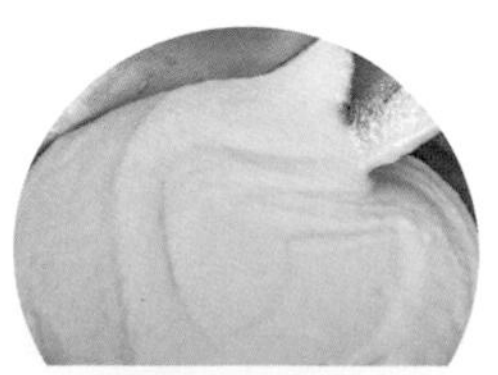

麵糊完成的樣子

5 將麵糊裝入使用1cm大圓形擠花嘴的擠花袋中，再依照圖紙的形狀把麵糊擠上去，擠好之後再將圖紙拿起來。

6 稍微敲一下烤盤底部將氣泡敲出來，並等待20至30分鐘讓表面乾燥。

7 在攝氏150℃的烤箱中烤10至12分鐘。

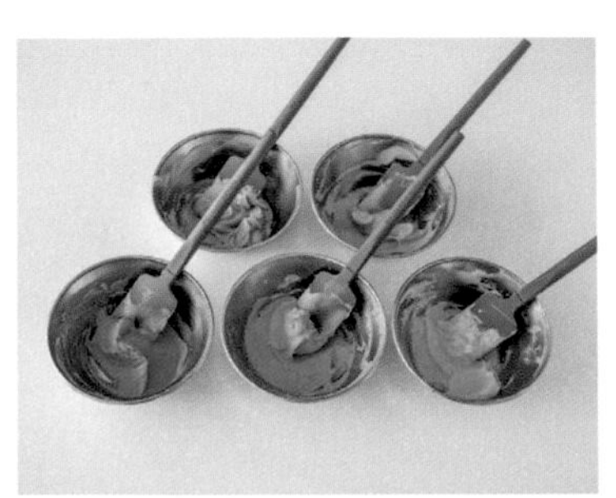

8 將香草濃縮液跟安格列斯奶油霜混合後分成5等份，然後再分別加入食用色素拌勻。

9 加入食用色素拌勻後分別裝入擠花袋，再將奶油擠到保鮮膜上，長度必須一致。

10 用保鮮膜把奶油包起來，裝上圓形擠花嘴（直徑17mm）後放入擠花袋中。

11 將相同大小的餅殼配成一組，將奶油擠在其中一邊的餅殼上。

tip

擠花袋應垂直90度再施力，這樣才能夠將五種顏色均勻擠出來。

12 再把另一片餅殼蓋上去就完成了。

• Macaron • 2

Macaron

2

芒果馬卡龍

Mango Macaron

馬卡龍餅殼將熟度恰到好處的芒果色澤、奶油裡的濃郁芒果滋味夾住。
加入芒果果泥時應該要分次少量加入，這樣攪拌的時候才能拌出滑順不會油水分離的奶油。

餅殼材料

蛋白 65g
砂糖 55g
杏仁粉 85g
糖粉 85g
橘色食用色素

內餡材料

安格列斯奶油霜 150g
tip.請參考第21頁
芒果果泥 60g

準備工作

1
將圖紙鋪在烤盤上，
再將鐵氟龍布鋪在圖紙上。

2
杏仁粉、糖粉一起過篩。

how to make

烤箱

24個份

溫度攝氏150°C

時間10至12分鐘

1 將砂糖分3次加入蛋白中，並用手持電動攪拌器高速打發。

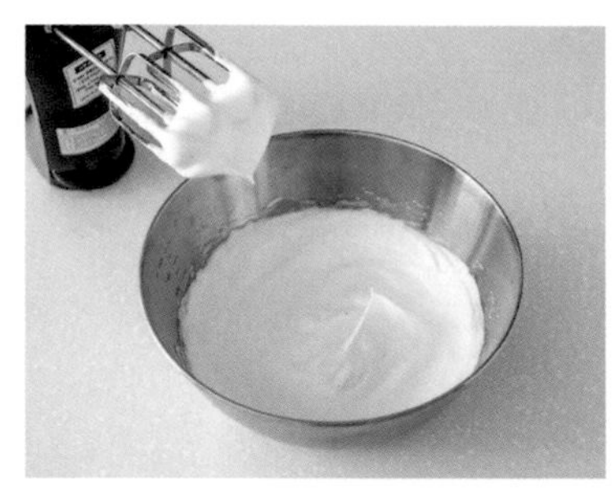

2 用中速打發至可拉出尖角，做出紮實的法式蛋白霜。

3 將過篩好的杏仁粉、糖粉倒入蛋白霜中拌在一起。

4 以橡膠刮刀攪拌麵糊，攪拌時先將麵糊塗抹在盆子的周圍，然後再將麵糊往中間拌在一起，重複這個過程就能完成馬卡龍的麵糊（去除麵糊中的氣泡）。

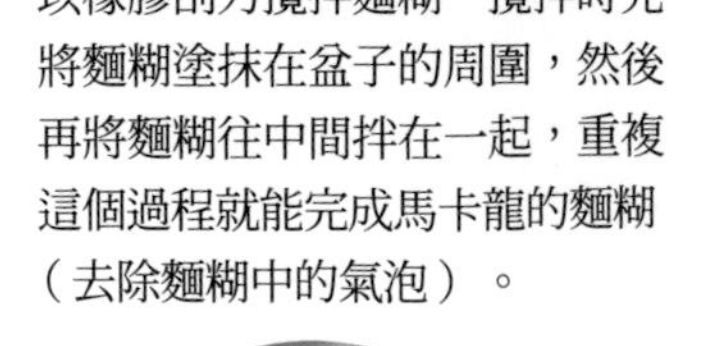

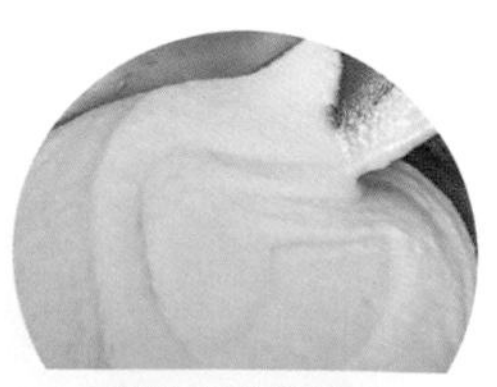

麵糊完成的樣子

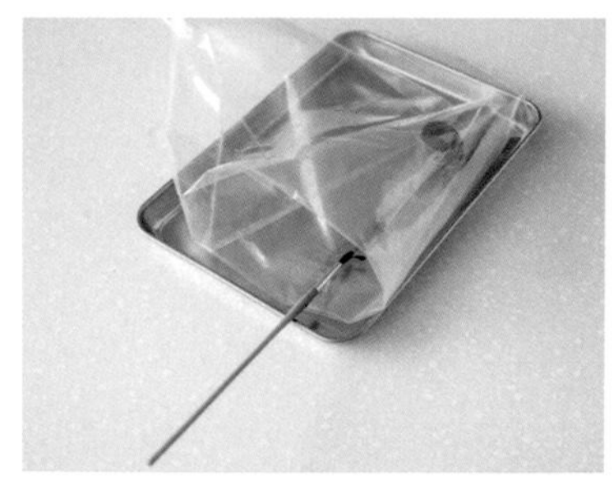

5 擠花袋裝上1cm的圓形擠花嘴之後，將食用色素抹在袋中。

tip

建議用細刷子或牙籤抹薄薄的一層就好，如果色素全部聚集在一起會導致水分太多，乾燥時間跟烤的時間都會拉長。

6 接著將麵糊裝入擠花袋中。

7 將麵糊依照圖紙的形狀擠出來，擠好後再把圖紙拿開。

8 稍微敲一下烤盤底部將氣泡敲出來，並等待20至30分鐘讓表面乾燥。

9 放入攝氏150℃的烤箱中烤10至12分鐘。

10 將安格列斯奶油霜與芒果果泥拌成芒果奶油。

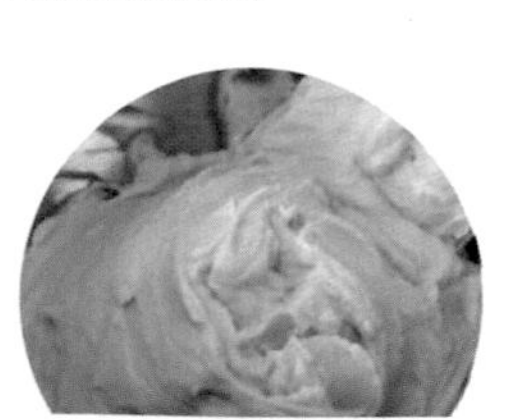

芒果奶油完成的樣子。

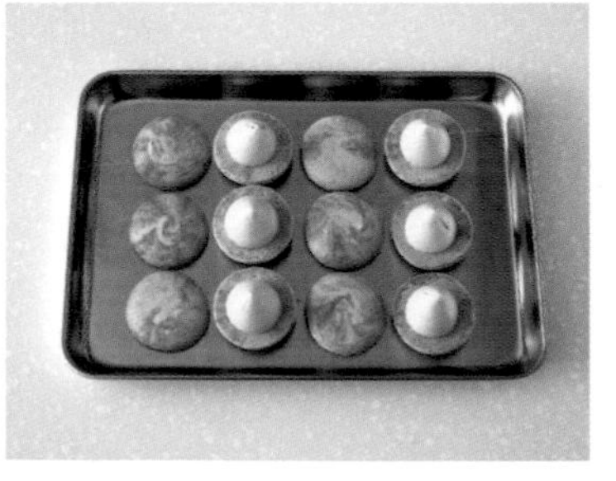

11 將奶油裝入裝著圓形擠花嘴的擠花袋中，並將相同大小的餅殼配成一組，然後將奶油擠在其中一邊的餅殼上。

12 再把另一片餅殼蓋上去就完成了。

3 • Macaron •

Macaron

3

心型馬卡龍

Heart Macaron

我試著做了十分賞心悅目的可愛馬卡龍。也可以在奶油中加入各式各樣的食材，做成不同口味的夾心內餡。如果能加一點增添口感的果凍，就能兼顧口感與美味囉。

餅殼材料

蛋白 65g
砂糖 55g
杏仁粉 85g
糖粉 85g
粉紅色食用色

內餡材料

安格列斯奶油霜 150g
tip.請參考第21頁
奶油起司 30g
桃子口味果凍適量

準備工作

1
將圖紙鋪在烤盤上，
再將鐵氟龍布鋪在圖紙上。

2
杏仁粉、糖粉一起過篩。

how to make

烤箱

24個份

溫度攝氏150°C

時間10至12分鐘

1 將砂糖分3次加入蛋白中，並用手持電動攪拌器高速打發。

2 用中速打發至可拉出尖角，做出紮實的法式蛋白霜。

3 將食用色素加入打好的蛋白霜中拌勻。

tip 

食用色素一口氣加太多可能會使顏色太深，建議一點一點分次加入，慢慢調整到理想的顏色。

4 將過篩好的杏仁粉、糖粉倒入蛋白霜中拌在一起。

5 以橡膠刮刀攪拌麵糊，攪拌時先將麵糊塗抹在盆子的周圍，然後再將麵糊往中間拌在一起，重複這個過程就能完成馬卡龍的麵糊（去除麵糊中的氣泡）。

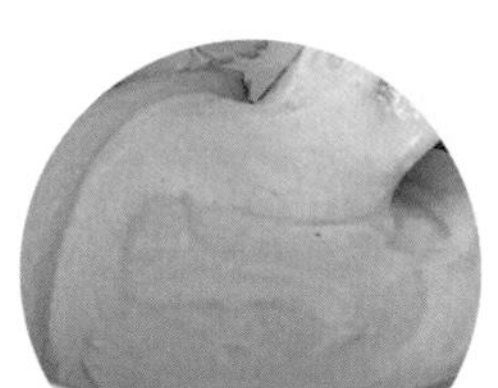

麵糊完成的樣子。

6 擠花袋裝上1cm的圓形擠花嘴後，將麵糊裝入擠花袋中，依照圖紙的形狀擠出心型麵糊，擠好後將圖紙拿開。

7 等待20至30分鐘讓表面乾燥之後，再用攝氏150℃的烤箱烤10至12分鐘。

8 將安格列斯奶油霜與奶油起司拌在一起。

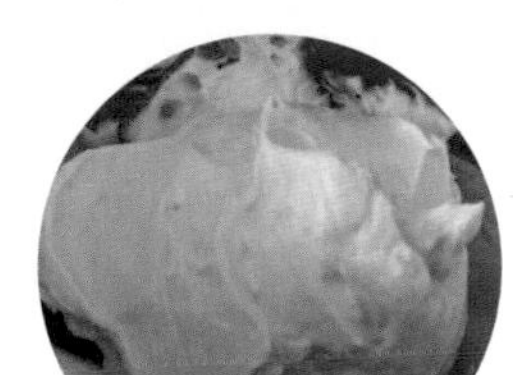

奶油完成的樣子。

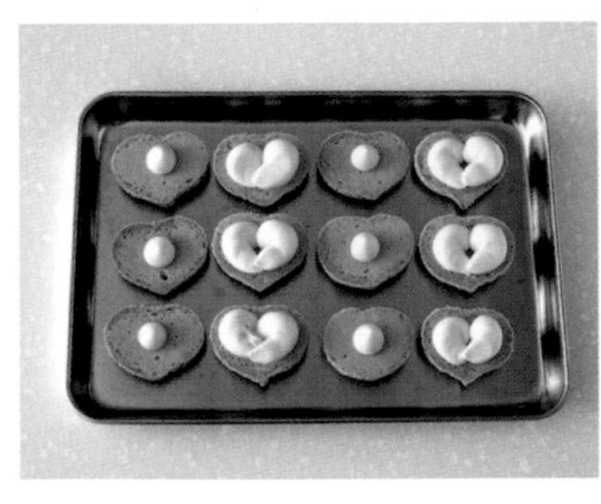

9 將奶油裝入裝著圓形擠花嘴的擠花袋中，並將相同大小的餅殼配成一組，然後將奶油擠在其中一邊的餅殼上。

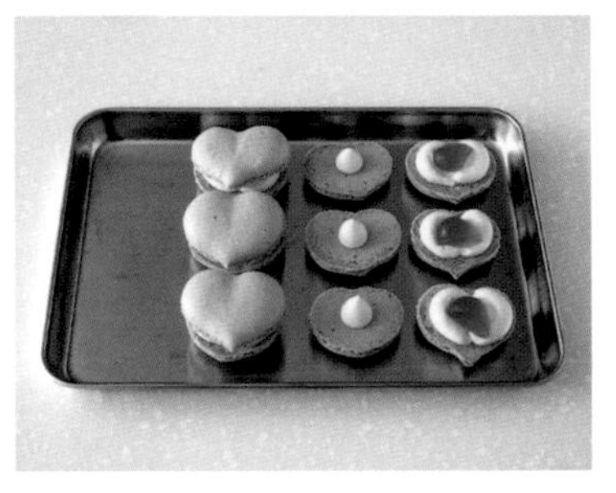

10 放上果凍，再把另一片餅殼蓋上去就完成了。

• Macaron • 4

Macaron

4

抹茶馬卡龍

Green Tea Macaron

抹茶馬卡龍的餅殼與奶油都加了抹茶，能夠吃到濃濃的抹茶香。
夾心裡面也可以搭配最適合抹茶的紅豆羊羹喔。

餅殼材料

蛋白 A 60g
砂糖 A 20g
砂糖 B 130g
水 40g
杏仁粉 150g
糖粉 150g
抹茶 10g
蛋白 B 50g

內餡材料

安格列斯奶油霜 300g
tip.請參考第21頁
抹茶 10g
紅豆羊羹 120g

準備工作

1
將圖紙鋪在烤盤上，
再將鐵氟龍布鋪在圖紙上。

2
杏仁粉、糖粉、抹茶
一起過篩。

how to make

烤箱

48個份

溫度攝氏 150°C

時間10至12分鐘

1 將砂糖A加入蛋白A中，用手持電動攪拌器高速打發。

2 將水和砂糖B倒入湯鍋中，開火煮至攝氏118℃。

tip

用義式蛋白霜做餅殼的時候，最重要的事情就是避免糖漿結晶，所以一定要用溫度計測量，確定糖漿的溫度是攝氏118℃。

3 立刻將攝氏118℃的糖漿倒入A的蛋白中以高速打發。

4 等蛋白霜的溫度降至室溫狀態的同時，一邊拿手持電動攪拌器用高速打發至可拉出尖角，這樣義式蛋白霜就完成了。

5 拿另外一個盆子，將過篩的杏仁粉、糖粉與抹茶加入蛋白B中拌勻。

6 將義式蛋白霜加入步驟5的盆子中拌勻。

7 以橡膠刮刀攪拌麵糊，攪拌時先將麵糊塗抹在盆子的周圍，然後再將麵糊往中間拌在一起，重複這個過程就能完成馬卡龍的麵糊（去除麵糊中的氣泡）。

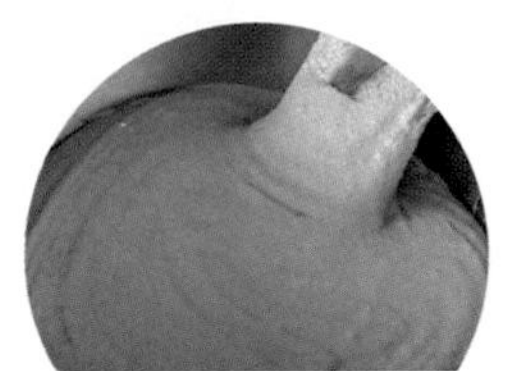

麵糊完成的樣子。

8 擠花袋裝上1cm的圓形擠花嘴後，將麵糊裝入擠花袋中，依照圖紙的形狀擠出圓形麵糊，擠好後將圖紙拿開。

9 輕敲烤盤底部將氣泡敲掉，再等待20至30分鐘讓表面乾燥。

10 放入攝氏150℃的烤箱烤10至12分鐘。

11 將安格列斯奶油霜與抹茶拌在一起。

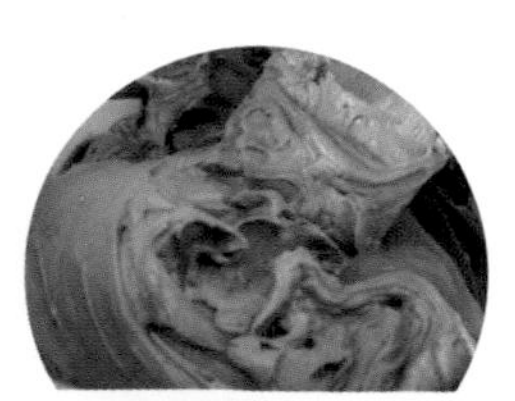

奶油完成的樣子。

12 將奶油裝入裝著鋸齒擠花嘴的擠花袋中，並將相同大小的餅殼配成一組，然後將奶油擠在其中一邊的餅殼上。

13 放上紅豆羊羹，再把另一片餅殼蓋上去就完成了。

• Macaron • 5

Macaron

5

咖啡馬卡龍

Coffee Macaron

用咖啡豆磨成的粉末調出的自然咖啡色，再加一點點褐色食用色素，
就能做出有兩種顏色的餅殼了。
咖啡粉建議選擇義式濃縮咖啡用的細粉就好。

餅殼材料

- 蛋白 A 60g
- 砂糖 A 20g
- 砂糖 B 130g
- 水 40g
- 杏仁粉 150g
- 糖粉 150g
- 黑咖啡粉 5g
- 蛋白 B 50g
- 褐色食用色素適量

內餡材料

- 安格列斯奶油霜 300g
  tip.請參考第21頁
- 咖啡濃縮液 15g

準備工作

1
將圖紙鋪在烤盤上，
再將鐵氟龍布鋪在圖紙上。

2
杏仁粉、糖粉、黑咖啡粉
一起過篩。

how to make

烤箱

48個份

溫度攝氏 150°C

時間10至12分鐘

1 將砂糖A加入蛋白A中，用手持電動攪拌器高速打發。

2 將水和砂糖B倒入湯鍋中，開火煮至攝氏118℃。

tip

用義式蛋白霜做餅殼的時候，最重要的事情就是避免糖漿結晶，所以一定要用溫度計測量，確定糖漿的溫度是攝氏118℃。

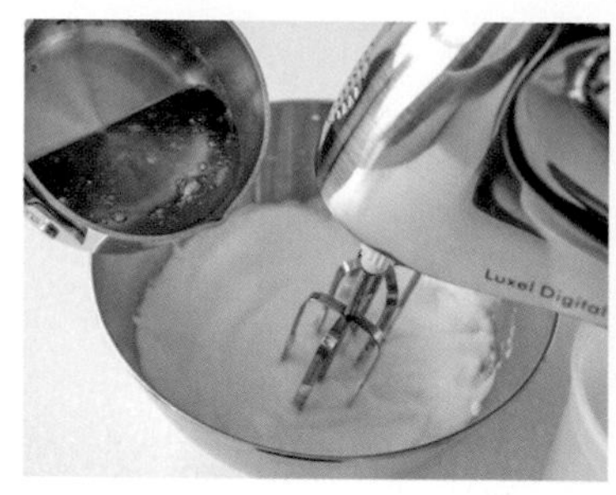

3 立刻將攝氏118℃的糖漿倒入A的蛋白中以高速打發。

4 等蛋白霜的溫度降至室溫狀態的同時，一邊拿手持電動攪拌器用高速打發至可拉出尖角，這樣義式蛋白霜就完成了。

5 將過篩的杏仁粉、糖粉與咖啡粉加入蛋白B中拌勻，然後再分成兩等份。

6 義式蛋白霜也分成兩等份，分別加入步驟5的兩個盆子中。

7 在其中一盆蛋白霜中加入褐色食用色素。

8 以橡膠刮刀攪拌麵糊，攪拌時先將麵糊塗抹在盆子的周圍，然後再將麵糊往中間拌在一起，重複這個過程就能完成馬卡龍的麵糊（去除麵糊中的氣泡）。

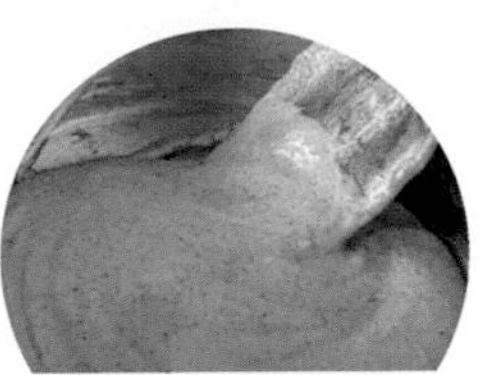

加入食用色素的麵糊完成的樣子。

未加入食用色素的麵糊完成的樣子。

9 擠花袋裝上1cm的圓形擠花嘴後，將麵糊裝入擠花袋中，依照圖紙的形狀擠出圓形麵糊，擠好後將圖紙拿開。

10 輕敲烤盤底部將氣泡敲掉，再等待20至30分鐘讓表面乾燥。

11 放入攝氏150℃的烤箱烤10至12分鐘。

12 將安格列斯奶油霜與咖啡濃縮液拌在一起。

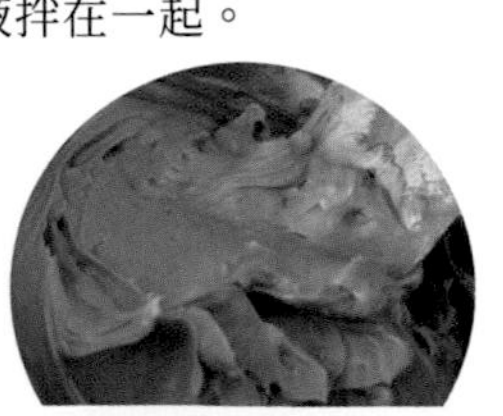

奶油完成的樣子。

13 將奶油裝入裝著鋸齒擠花嘴的擠花袋中，並將相同大小的餅殼配成一組，然後將奶油擠在其中一邊的餅殼上。

14 再把另一片餅殼蓋上去就完成了。

• Macaron •

6

Macaron

6

巧克力馬卡龍

Chocolate Macaron

馬卡龍裹上一層巧克力之後，就能品嘗到更濃郁的巧克力香。
可以在外層的包衣巧克力凝固之前先做裝飾，這樣兩者就能一起凝固，
或是也可以用巧克力專用的轉印紙，做出漂亮且美味的超讚馬卡龍。

餅殼材料

蛋白 A 60g
砂糖 A 20g
砂糖 B 130g
水 40g
杏仁粉 150g
糖粉 150g
可可粉 10g
蛋白 B 50g

內餡材料

安格列斯奶油霜 300g
tip.請參考第21頁
香草濃縮液 4g

裝飾材料

黑巧克力適量（包衣用）
巧克力球適量

準備工作

1
將圖紙鋪在烤盤上，
再將鐵氟龍布鋪在圖紙上。

2
杏仁粉、糖粉、可可粉
一起過篩。

3
準備轉印紙。

how to make

烤箱

48個份

溫度攝氏 150°C

時間10至12分鐘

1 將砂糖A加入蛋白A中，用手持電動攪拌器高速打發。

2 將水和砂糖B倒入湯鍋中，開火煮至攝氏118℃。

tip

用義式蛋白霜做餅殼的時候，最重要的事情就是避免糖漿結晶，所以一定要用溫度計測量，確定糖漿的溫度是攝氏118℃。

3 立刻將攝氏118℃的糖漿倒入A的蛋白中以高速打發。

4 等蛋白霜的溫度降至室溫狀態的同時，一邊拿手持電動攪拌器用高速打發至可拉出尖角，這樣義式蛋白霜就完成了。

5 將過篩好的杏仁粉、糖粉與可可粉加入蛋白B中拌勻。

6 義式蛋白霜加入步驟5的盆子中拌勻。

7 以橡膠刮刀攪拌麵糊，攪拌時先將麵糊塗抹在盆子的周圍，然後再將麵糊往中間拌在一起，重複這個過程就能完成馬卡龍的麵糊（去除麵糊中的氣泡）。

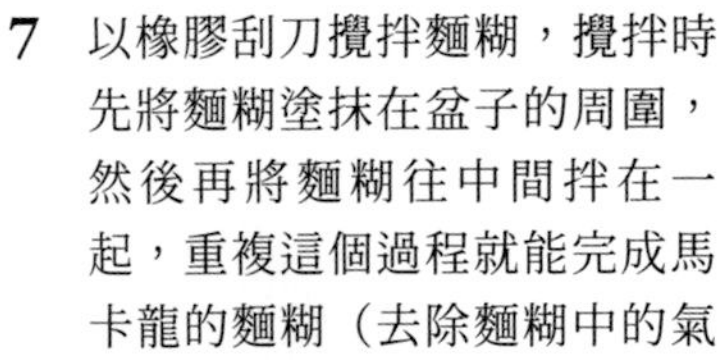

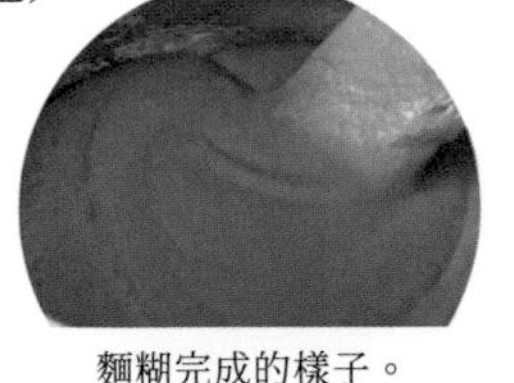

麵糊完成的樣子。

8 擠花袋裝上1cm的圓形擠花嘴後，將麵糊裝入擠花袋中，依照圖紙的形狀擠出圓形麵糊，擠好後將圖紙拿開。

9 輕敲烤盤底部將氣泡敲掉，再等待20至30分鐘讓表面乾燥。

10 放入攝氏150℃的烤箱烤10至12分鐘。

11 將安格列斯奶油霜與咖啡濃縮液拌在一起。

奶油完成的樣子。

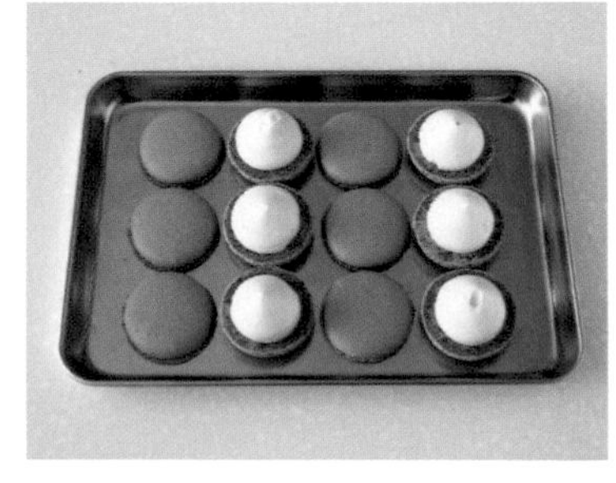

12 將奶油裝入裝著鋸齒擠花嘴的擠花袋中，並將相同大小的餅殼配成一組，然後將奶油擠在其中一邊的餅殼上。

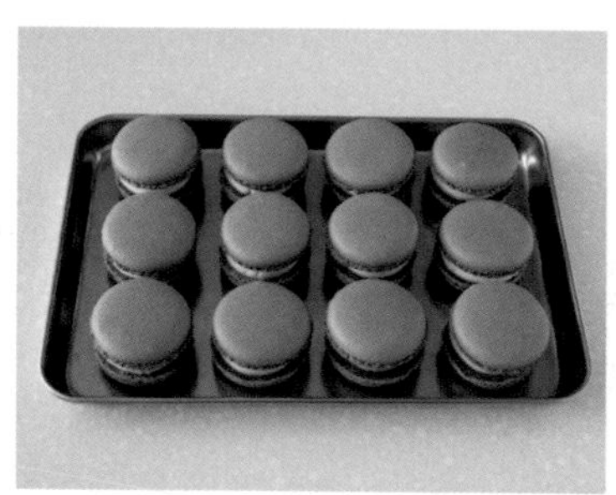

13 再把另一片餅殼蓋上去。

14 將部分包衣巧克力融化後，將馬卡龍的側面稍微沾一點巧克力再拿出來，並趁著凝固之前放上巧克力球就大功告成了。

tip

包衣巧克力可隔水加熱或以微波爐加熱至微溫使用。若製作過程中巧克力的溫度降低則可能再度凝固，凝固的巧克力只要再融化就可以用了。

15 一部分的馬卡龍可以用轉印紙裝飾。只要將底部拿去沾巧克力，然後把轉印紙放上去，待巧克力凝固後再將轉印紙拿起來就完成了。

Signature Dessert

CHAPTER 3

Cookie

餅乾

在開始做
餅乾
之前

書中共介紹12種餅乾食譜，除了蛋白霜餅乾與蛋白霜棒棒糖之外，其他的10種餅乾食譜都會用到奶油這種烘焙中最重要的材料之一。不過每一種食譜要求的奶油狀態都各不相同，視該食譜做出的成品，準備的奶油可能會需要是下列三種的其中一種。

1 低溫奶油
2 室溫奶油
3 融化奶油

- **低溫奶油：**剛從冰箱裡拿出來，溫度低且質地硬的奶油。通常都是將這種奶油切碎加入粉類材料中做成麵團，為了更方便切碎，建議先切成小方塊狀。奶油從冰箱裡拿出來之後，就會因為溫度提升而漸漸變軟，為了讓計量、切塊時升溫的奶油重新降溫，切好之後應該冰回冰箱，等要用的時候再拿出來。

- **室溫奶油：**是計量之後放在室溫下，以手指按壓時會凹陷的軟質地奶油。這種狀態的奶油通常會打成像鮮奶油那樣，再跟其他的食材一起拌成麵糊，或是在製作安格列斯奶油霜時使用。季節會影響奶油升溫的速度，夏天只需要10分鐘左右就能升到跟室溫一樣，但寒冷的冬天可能需要花30分鐘以上，建議配合烘焙環境提前在適當的時機將奶油從冰箱拿出來放。

- **融化奶油：**是融化後呈現微溫的液狀奶油。將奶油放在可微波的容器中，用微波爐加熱融化，或是隔水加熱融化。融化的奶油如果溫度太高，會使食材中的雞蛋煮熟，建議融化後降至微溫的狀態再使用。但若融化的奶油在室溫下放太久則可能會凝固，請多留意。

所有的餅乾都是在烤盤上鋪烘焙紙、鐵氟龍布，並將麵團放在上面後拿去烤。如果不鋪任何東西就直接把麵團放在烤盤上，烤好之後餅乾可能會黏在上面拿不下來。鐵氟龍布是可清洗、可重複使用的工具，很多人烤餅乾時都會選擇鐵氟龍布。

餅乾大多都可在室溫下放一星期（夏天約3至4天），品質和味道都能夠維持在一定的水準。不過特定幾種餅乾必須多注意保存的方式，或是必須在1至2天內吃掉。

- **林茲餅乾：**請冷藏。因為夾心的果醬會使餅乾太快變濕，建議在1至2天內吃掉。

- **黃豆粉餅乾：**黃豆粉很容易變質，建議冷藏保存，並在2至3天內吃掉。

- **造型餅乾：**餅乾表面有巧克力糖霜裝飾，建議最好個別包裝。

- **蛋白霜餅乾&蛋白霜棒棒糖：**蛋白霜不耐潮，空氣中的水分很容易使蛋白霜軟掉，建議要放乾燥劑。

其他的餅乾請密封放在室溫下存放。

• Cookie • 1

. Cookie .

1

穀麥花生餅乾

Granola Peanut Butter Cookie

為了增加餅乾的香味而加了花生果醬，為了增加咀嚼的口感而加了穀麥。
加在餅乾裡的穀麥建議選實際用果乾、堅果、穀物製成的，不要選擇一般市售的麥片。

食材

•

奶油 60g
砂糖 45g
黃砂糖 45g
花生醬 75g
雞蛋 30g
低筋麵粉 80g
泡打粉 2g
鹽巴一小撮
穀麥 50g
tip.裝飾配料的穀麥另外準備。

準備工作

•

1
準備室溫狀態的
奶油與雞蛋。

2
低筋麵粉、泡打粉、鹽巴
一起過篩。

Cookie

how to make

烤箱

7個份

溫度攝氏170°C

時間10至15分鐘

1 將室溫狀態的奶油輕輕拌開。

2 加入砂糖與黃砂糖拌勻。

3 加入花生醬拌勻。

4 將室溫狀態的雞蛋分2至3次倒入拌勻。

5 將過篩的低筋麵粉、泡打粉與鹽巴倒入，用刮刀以切的方式拌勻。

6 加入穀麥拌勻後麵團就完成了。

麵團完成的樣子。

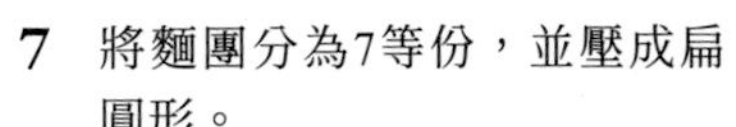

7 將麵團分為7等份，並壓成扁圓形。

tip

在分割麵團的時候，重點是讓麵團保持大小一致。建議先秤過麵團的重量，然後再分成7等份，或是用冰淇淋挖勺來挖出同等大小的份量。若麵團大小不一，烤的時候可能會導致麵團沒熟或是烤焦。

8 稍微撒上一點穀麥。

tip

因為加了花生醬，所以也可以用花生代替穀麥，或是混合花生跟穀麥後再撒上去。

9 用攝氏170℃的烤箱烤10至15分鐘就完成了。

2

. Cookie .

2

林茲餅乾

Linzer Cookie

在看似堅硬酥脆實際上卻很軟的餅乾中間，加入果醬夾心的林茲餅乾，讓人有一種好像在吃一塊塔的感覺。食材中的萊姆皮用途是增加清爽感，而不是為了增加萊姆味，所以也可以改成檸檬皮或柳橙皮。

食材

低筋麵粉 200g
鹽巴一小撮
奶油 120g
糖粉 80g
tip.餅乾上的裝飾糖粉另外準備。
萊姆皮1個萊姆份
雞蛋40克 40g
香草濃縮液 1g
覆盆子醬 60g

準備工作

1
準備好要用的餅乾模具。

2
將低溫奶油切成方塊狀，然後放回冰箱裡，要用之前再拿出來。

3
低筋麵粉、鹽巴一起過篩。

how to make

烤箱

15個份

溫度攝氏160°C

時間10至15分鐘

1 將篩好的低筋麵粉與鹽巴倒入盆中，加入低溫奶油後用刮板以切的方式拌勻。

2 等奶油小到無法以肉眼辨識之後，就倒入糖粉與萊姆皮拌勻。

3 加入低溫的雞蛋與香草濃縮液，用刮板以切的方式拌勻。

麵粉結成一塊後，麵團就完成了。

4 將麵團用保鮮膜包起來，放到冰箱裡休息2小時。

5 在工作桌上撒一點防沾黏粉，用擀麵棍將麵團擀成3公釐厚。

6 用直徑6公分的餅乾模具將麵團切下。

tip

最好趁麵團溫度還很低的時候盡快完成。麵團溫度要是升高，就請放回冰箱冰一下再拿出來用。微溫的麵團會變軟，切下來的造型麵團不容易成形。

7 用選好的餅乾模具，將要放在上面的麵團切成理想的形狀。

8 切好之後將造型麵團配對、擺盤。

tip
「擺盤」是指將完成的麵團放到烤盤上的意思。指的通常是餅乾麵團塑形後放到餅乾烤盤上，或是將蛋糕麵糊倒入蛋糕模具中的意思。

9 用攝氏160℃烤10至15分鐘。

tip
步驟7切下來的麵團不會再用到，可以一起烤完之後直接吃掉。

10 等餅乾完全冷卻之後，就在步驟7切好的麵團上撒上糖粉。

11 將蔓越莓果醬塗抹在下面的餅乾上，再把步驟10的餅乾放上去就完成了。

• Cookie •
3

. Cookie .

3

黃豆粉餅乾

Injeolmi Cookie

Cookie

推薦給喜歡濃郁黃豆粉香的人。
在餅乾完全冷卻之前，就先裹上大量的黃豆粉，可以讓餅乾更香、更美味。

食材

奶油 110g
糖粉 60g
香草濃縮液 1g
低筋麵粉 120g
炒過的黃豆粉 20g
tip.要辦在餅乾麵團裡的另外準備
鹽巴一小撮
碎核桃 40g

準備工作

1
準備室溫狀態的
奶油與雞蛋。

2
低筋麵粉、炒過的黃豆粉、
鹽巴一起過篩。

how to make

烤箱

30個份

溫度攝氏160°C

時間12至15分鐘

1 將室溫狀態的奶油輕輕拌開。

2 加入糖粉後拌勻。

3 加入香草濃縮液拌勻。

4 將過篩好的低筋麵粉、炒過的黃豆粉與鹽巴倒入步驟3的盆中，並以刮刀用切的方式拌在一起。

5 加入碎核桃拌勻後麵團就完成了。

麵團完成的樣子。

6 將麵團搓呈長條狀，再切成固定的大小後搓成圓球

tip

長條狀的麵團直徑約是2至2.5公分左右。如果這個步驟花太多時間，麵團可能會變得太軟而無法塑形，最好盡快完成。

7 用28至30個麵團完成擺盤。

tip 「擺盤」是指將完成的麵團放到烤盤上的意思。指的通常是餅乾麵團塑形後放到餅乾烤盤上，或是將蛋糕麵糊倒入蛋糕模具中的意思。

8 用攝氏160℃的烤箱烤12至15分鐘。

9 烤好冷卻再裹上黃豆粉就完成了。

tip 餅乾完全冷卻後黃豆粉會裹不上去，建議稍微放涼，趁還有點微溫的時候裹上黃豆粉。

• Cookie • 4

Cookie

4

抹茶奶油起司餅乾

Green Tea Cream Cheese Cookie

這是廣受抹茶愛好者喜歡的餅乾。
濃郁的抹茶與白巧克力總是最佳組合，再加入奶油起司讓整體口感更加柔軟。
如果你喜歡濕潤一點的餅乾，那絕不能錯過。

食材

- 奶油 50g
- 砂糖 70g
- 奶油起司 50g
- 雞蛋 30g
- 香草濃縮液 1g
- 中筋麵粉 95g
- 抹茶 10g
- 泡打粉 2g
- 鹽巴一小撮
- 白巧克力 60g

準備工作

1
準備室溫狀態的奶油與雞蛋。

2
中筋麵粉、抹茶、泡打粉、鹽巴一起過篩。

how to make

烤箱

10個份

溫度攝氏170°C

時間12至15分鐘

1 將室溫狀態的奶油輕輕拌開。

2 加入砂糖後拌勻。

3 加入奶油起司拌勻。

奶油起司雖不需要跟奶油一樣放至室溫狀態，但要用之前才從冰箱拿出來會太硬拌不開，建議先從冰箱拿出來，稍微讓溫度回升後再使用。

4 將室溫雞蛋分2至3次加入拌勻。

5 加入香草濃縮液拌勻。

6 將過篩好的中筋麵粉、抹茶、泡打粉、鹽巴倒入，並以刮刀用切的方式拌在一起。

7 加入白巧克力拌勻後麵團就完成了。

麵團完成的樣子。

8 將麵團分成10等份，做成扁圓形後擺盤。

tip 最重要的是麵團大小必須一致，建議依重量分成10等份，或是用冰淇淋挖勺確保麵團的大小一致。大小不一致的麵團在烤的時候可能會烤焦或烤不熟。

tip 「擺盤」是指將完成的麵團放到烤盤上的意思。指的通常是餅乾麵團塑形後放到餅乾烤盤上，或是將蛋糕麵糊倒入蛋糕模具中的意思。

9 放入攝氏170℃的烤箱烤12至15分鐘。

• Cookie • 5

· Cookie ·

5

布朗尼脆餅

Brownie Crisp

我用布朗尼的濃郁巧克力香，搭配酥脆口感的餅乾做成這款布朗尼脆餅。
拿來搭配冰淇淋也恰到好處。

食材

蛋白 30g
砂糖 100g
融化的奶油 60g
香草濃縮液 1g
低筋麵粉 65g
可可粉 25g
泡打粉 1g
鹽巴一小撮
巧克力碎片 35g

準備工作

1
低筋麵粉、可可粉、泡打粉、鹽巴一起過篩。

2
奶油加熱融化後放至微溫。

how to make

烤箱

24個份

溫度攝氏160°C

時間15至20分鐘

1 將蛋白輕輕打散。

2 加入砂糖後拌勻。

3 奶油加熱融化後放至微溫，再跟香草濃縮液一起加入拌勻。

4 將過篩好的低筋麵粉、可可粉、泡打粉、鹽巴倒入後拌勻，麵糊就完成了。

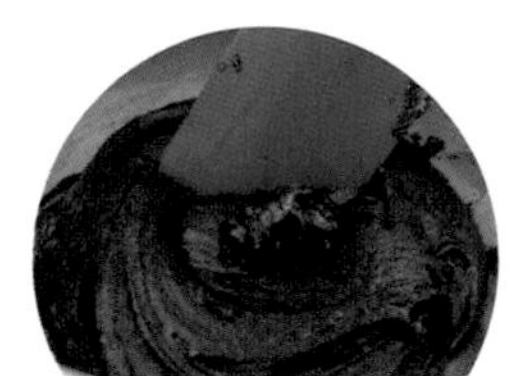

麵糊完成的樣子。

5 在烤盤上鋪鐵氟龍布，將麵糊倒上去後用抹刀推開。

tip

盡量推薄一點才是確保脆餅酥脆的祕訣。請在不會讓麵糊裂開的範圍，拿抹刀以壓推的方式將麵糊推開，這時建議用小的L型抹刀推起來會比較方便。

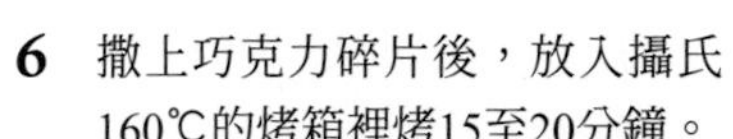

6 撒上巧克力碎片後，放入攝氏160℃的烤箱裡烤15至20分鐘。

tip 可依據個人喜好將堅果（核桃、胡桃）或果乾（蔓越莓乾、櫻桃乾）切碎後跟巧克力碎片一起撒在上面，這樣烤出來更美味。

7 從烤箱裡一拿出來，就立刻切成理想的大小。

tip 冷卻之後餅乾會變硬，比較難切開，所以最好趁熱盡快切。如果喜歡自然一點的形狀，那就等完全冷卻之後用手剝開來。

• Cookie •

6

• Cookie •

6

帕馬森起司餅乾

Parmesan Cookie

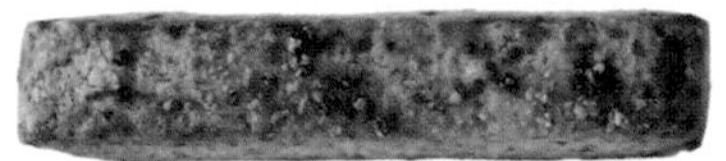

鹹鹹的滋味與嘎吱嘎吱的酥脆口感，就是這款餅乾的特色。
胡椒一定要用胡椒粒現磨才對味！胡椒的份量可以依照個人喜好調整喔。

食材

奶油 65g

砂糖 25g

雞蛋 40g

低筋麵粉 120g

帕馬森起司 60g

tip.裝飾用的帕馬森起司另外準備

胡椒粒適量

牛奶適量

（塗抹在麵團表面）

準備工作

1
準備室溫狀態的奶油與雞蛋。

2
低筋麵粉過篩。

how to make

烤箱

30個份

溫度攝氏170°C

時間15分鐘

1 將室溫狀態的奶油輕輕打散。

2 加入砂糖後拌勻。

3 室溫雞蛋分2至3次倒入拌勻。

4 倒入篩好的低筋麵粉後以刮刀用切的方式拌在一起。

5 將帕馬森起司與胡椒粒磨碎後加入拌勻，麵團就完成了。

麵團完成的樣子。

6 麵團用擀麵棍擀成20×12cm，厚度1cm，然後用保鮮膜包起來放進冰箱冷凍一小時。

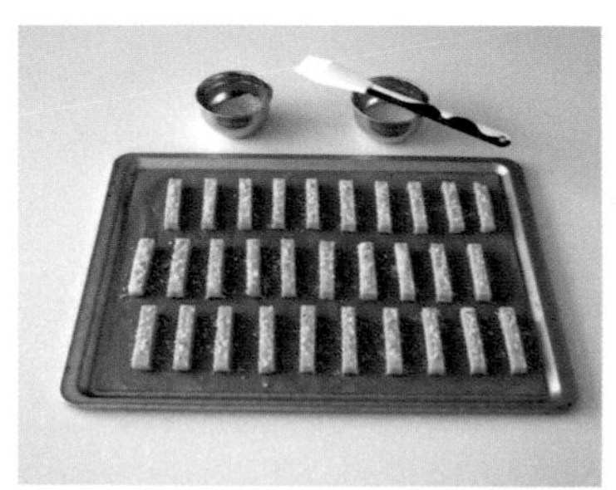

7 將冰好的麵團切成長6cm，寬1.2至1.3cm的長條狀。

最好趁麵團低溫的時候盡快切好。麵團的溫度要是變高，就請放進冰箱裡冰一下再拿出來用。微溫狀態的麵團會變軟，切開的時候容易變形。

8 在麵團上面抹上牛奶，再撒上帕馬森起司。

如果喜歡胡椒，可以將帕馬森起司與胡椒粒一起磨碎，稍微撒一點上去。

9 放入攝氏170℃的烤箱烤15分鐘就完成了。

• Cookie •
7

Cookie

7

造型餅乾

Cookie Cutter Cookie

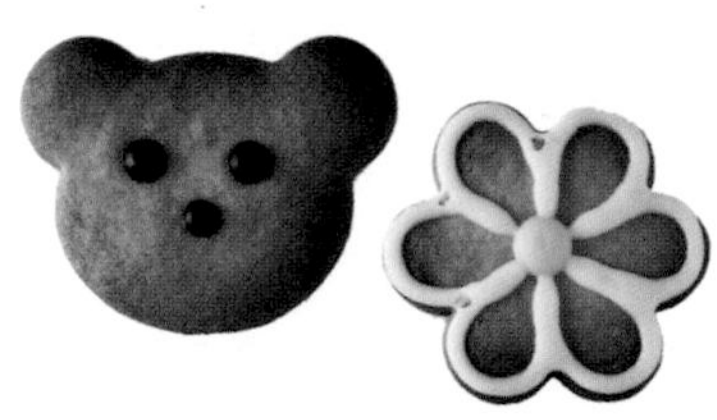

雖然是小朋友最喜歡的造型餅乾，但做好之後大人看到也會很開心。
裝飾時建議可以用巧克力筆輔助，做起來會更輕鬆。

麵團食材

奶油 100g
糖粉 115g
雞蛋 50g
香草濃縮液 1g
低筋麵粉 270g
鹽巴一小撮

裝飾食材

包衣巧克力適量
糖粉 80g
蛋白1個份
黃色食用色素

準備工作

1
準備理想的餅乾模具。

2
準備室溫狀態的奶油與雞蛋。

3
低筋麵粉與鹽巴過篩。

how to make

烤箱

40個份

溫度攝氏170°C

時間13至15分鐘

1 將室溫狀態的奶油輕輕打散。

2 加入糖粉後拌勻。

3 室溫雞蛋與香草濃縮液拌勻後，分2至3次倒入並拌勻。

4 倒入過篩好的低筋麵粉與鹽巴，以刮刀用切的方式拌在一起。

麵團完成的樣子。

5 麵團用保鮮膜包起來，放進冰箱冷藏3小時休息。

6 在工作桌與擀麵棍上灑防沾黏粉，並用擀麵棍將麵團擀成5mm厚。

7 用餅乾模具將麵團切下來。

tip
最好趁麵團低溫的時候盡快切好。麵團的溫度要是變高，就請放進冰箱裡冰一下再拿出來用。微溫狀態的麵團會變軟，切開的時候容易變形。

8 放入攝氏170℃的烤箱烤13至15分鐘。

9 麵團烤至焦黃後，餅乾就完成了。

10 將包衣巧克力融化，裝入擠花袋（參考第24頁）後，畫出熊的眼睛與鼻子。

11 在糖粉裡倒入一點蛋白，拌勻製成黏稠的糖霜。

12 加入食用色素拌勻，就可以做出理想的顏色，最後把做好的糖霜裝入擠花袋。

13 用糖霜裝飾後就完成了。

tip
將糖霜擠到餅乾上之前，一定要先試擠在別的地方。如果擠出來的糖霜不夠黏稠，就比較不容易畫出理想的裝飾圖案，要修正也會變得很困難。如果糖霜不夠稠，可以再加一點糖粉調整成適當的濃度。

. Cookie .

8

兩種圓形脆餅

Vanilla Sablé & Cinnamon Sablé

圓形脆餅在法文中是「沙子」的意思，也就是說這種餅乾擁有會像沙子一樣在嘴裡散開、融化的口感。如果想完美做出圓形脆餅的口感，就要注意麵團不可以拌太久。

香草圓形脆餅食材

•

奶油 100g

糖粉 50g

低筋麵粉 160g

香草豆莢1個

蛋白適量
（塗抹麵團用）

砂糖適量
（沾麵團用）

肉桂圓形脆餅

•

奶油100g

糖粉 50g

香草濃縮液 1g

低筋麵粉 160g

肉桂粉 5g

蛋白適量
（塗抹麵團用）

非精緻砂糖適量
（沾麵團用）

準備工作

•

1
準備室溫狀態的奶油與雞蛋。

2
用於香草圓形脆餅的低筋麵粉過篩。用於肉桂圓形脆餅的低筋麵粉與肉桂粉一起過篩。

how to make

烤箱

60個份

溫度攝氏170°C

時間10至12分鐘

1 先做香草圓形脆餅的麵團。首先將室溫狀態的奶油輕輕打散。

2 加入糖粉後拌勻。

3 加入香草籽拌勻。

4 倒入過篩好的低筋麵粉，以刮刀用切的方式拌在一起。

麵團完成的樣子。

5 接著做肉桂圓形脆餅的麵團。先把室溫狀態的奶油與糖粉拌在一起，然後加入香草濃縮液拌勻。

6 倒入過篩好的低筋麵粉與肉桂粉，以刮刀用切的方式拌在一起。

麵團完成的樣子。

7 兩種麵團都捏成直徑3cm的長條狀後，用保鮮膜或烘焙紙包起來，放進冰箱冷凍2小時。

8 在麵團表面塗上蛋白。

雖然水的黏著度沒有蛋白好，但也可以用水取代蛋白。

9 塗抹上蛋白後，在香草圓形脆餅的麵團表面裹上砂糖，在肉桂圓形脆餅的表面裹上非精製糖。

Cookie

10 將步驟9的麵團切成1cm寬。

11 將兩種麵團分別擺盤，一盤約30個左右。

「擺盤」是指將完成的麵團放到烤盤上的意思。指的通常是餅乾麵團塑形後放到餅乾烤盤上，或是將蛋糕麵糊倒入蛋糕模具中的意思。

12 用攝氏170℃的烤箱烤10至12分鐘就完成了。

• Cookie • 9

Cookie

9

奧利奧夾心餅乾

Oreo Cookie

要不要試著在餅乾裡塞入餅乾呢？
在餅乾麵團裡加入奧利奧餅乾，就可以享受一次吃到兩種餅乾的樂趣！
如果不放奧利奧，也可以增加巧克力碎片的份量，做成美味的巧克力碎片餅乾。

食材

奶油 115g
砂糖 75g
黃砂糖 50g
雞蛋 50g
香草濃縮液1g
中筋麵粉 175g
泡打粉 5g
鹽巴一小撮
巧克力碎片 30g
奧利奧餅乾8個

準備工作

1
準備室溫狀態的奶油與雞蛋。

2
低筋麵粉、泡打粉、鹽巴一起過篩。

how to make

烤箱

8個份

溫度攝氏170°C

時間15至18分鐘

1 將室溫狀態的奶油輕輕打散。

2 加入砂糖與黃砂糖後拌勻。

3 將室溫狀態的雞蛋分2至3次加入拌勻。

4 倒入香草濃縮液拌勻。

5 倒入過篩好的中筋麵粉、泡打粉、鹽巴，以刮刀用切的方式拌在一起。

6 加入巧克力碎片，拌勻後麵團就完成了。

麵團完成的樣子。

7 將麵團分成8等份，再將每一等份的麵團分成一半，壓成扁圓形之後將奧利奧餅乾夾在中間，並用麵團包起來。

8 整理一下麵團，讓裡面的奧利奧餅乾不會外露後擺盤。

9 用攝氏170℃的烤箱烤15至18分鐘就完成了。

在分割麵團的時候，重點是讓麵團保持大小一致。建議先秤過麵團的重量，然後再分成8等份，或是用冰淇淋挖勺來挖出同等大小的份量。若麵團大小不一，烤的時候可能會導致麵團沒熟或是烤焦。

「擺盤」是指將完成的麵團放到烤盤上的意思。指的通常是餅乾麵團塑形後放到餅乾烤盤上，或是將蛋糕麵糊倒入蛋糕模具中的意思。

. Cookie .

10

蛋白霜餅乾

Meringue Cookie

蛋白霜餅乾雖然很硬，但放入嘴裡又會很快融化，
是一種外型可愛，很受大家喜愛的餅乾。
不需要很多食材，製作過程也超簡單。
這裡會介紹可以輕鬆做出多種顏色和形狀的秘訣，試著做出繽紛的蛋白霜餅乾吧。

食材

•

雞蛋蛋白 50g
糖粉 75g
紅色食用色素

how to make

烤箱

45~50個份

溫度攝氏100°C

時間90至120分鐘

1 將蛋白和糖粉準備好。

2 糖粉分3次加入蛋白中，並用手持電動攪拌器以中速打發至可拉出尖角，打出紮實的蛋白霜。

3 將步驟2蛋白霜的三分之一裝入裝有擠花嘴的擠花袋，並把蛋白霜擠出來。

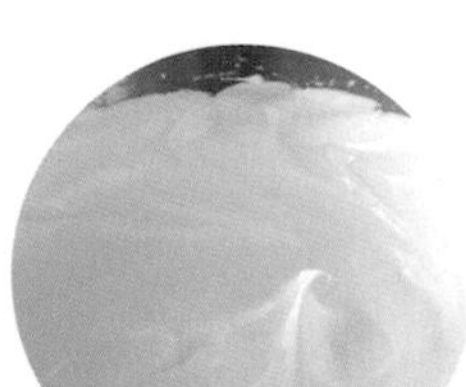

蛋白霜完成後的狀態。

4 剩下的蛋白霜加入少量紅色食用色素拌勻。

5 將步驟4的蛋白霜裝入擠花袋，再裝上理想的擠花嘴並擠出來。

6 剩下的蛋白霜再加入紅色食用色素，同樣裝入擠花袋、裝上擠花嘴後擠出來。

7 放入攝氏100℃的烤箱烤1小時30分至2小時就完成了。

tip

烤蛋白霜餅乾的烤箱溫度只有攝氏100℃，比其他餅乾要低很多。用這樣的低溫與其說是烤，不如說是烘乾更為合適。如果蛋白霜完全烤熟之前表面就出現裂痕，代表烤箱溫度可能太高或沒有維持在固定的溫度。雖然標準是攝氏100℃，但最重要的還是找出適合家中烤箱的溫度。

Cookie

11

蛋白霜棒棒糖

Meringue Pop

蛋白霜的魅力就在於可以擠成各式各樣的形狀。
只要加一根木棍就能做成棒棒糖的樣子，
小孩子也會非常喜歡喔。

食材

蛋白 50g
糖粉 75g
橘色食用色素
黃色食用色素
巧克力適量（包衣用）
巧克力米適量

準備工作

準備8根冰淇淋用的木棍。

how to make

烤箱

8個份

溫度攝氏100°C

時間90至120分鐘

1 將蛋白和糖粉準備好。

2 糖粉分3次加入蛋白中，並用手持電動攪拌器以中速打發。

3 以手持電動攪拌器打至可拉出尖角，打出紮實的蛋白霜。

4 將蛋白霜分裝成兩等份，分別加入橘色與黃色的食用色素。

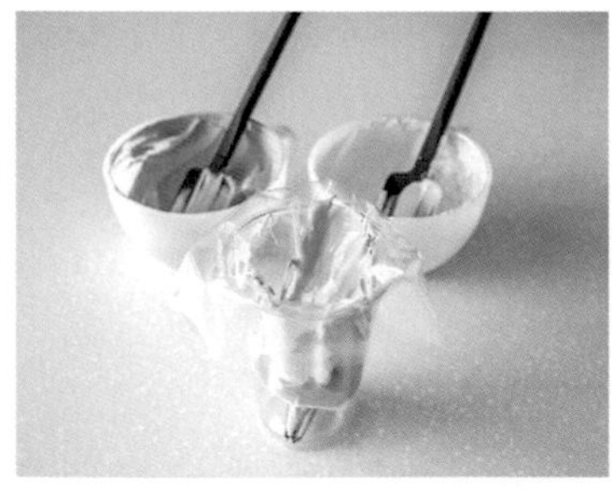

5 將兩種顏色的蛋白霜交替裝入裝有星星擠花嘴的擠花袋。

6 稍微擠出一點蛋白霜，並放上木棍固定。

7 從中間開始往外繞圈將蛋白霜擠出，做成棒棒糖的形狀。

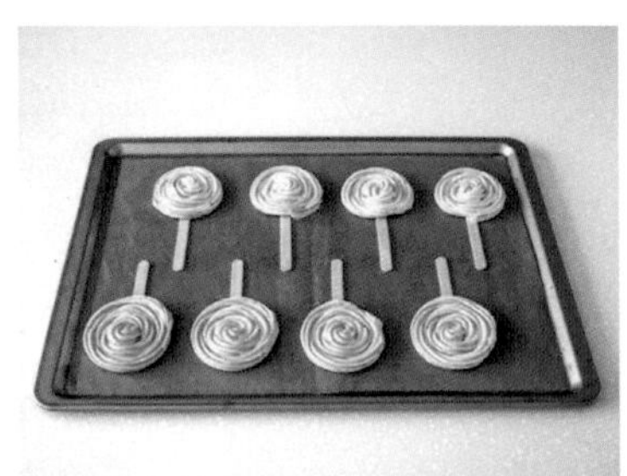

8 做好8支棒棒糖。

9 放入攝氏100℃的烤箱烤1小時30分至2小時。

10 烤好的棒棒糖完全冷卻後，再沾上完全融化的包衣用巧克力，最後撒上裝飾用的巧克力米。

tip

包衣巧克力可以隔水加熱或以微波爐加熱至微溫狀態使用。製作過程中若溫度降低可能會凝固，若巧克力凝固，只要加熱就可以再使用。

• Cookie •

12

. Cookie .

12

濃郁巧克力餅乾

Real Chocolate Cookie

加了融化的巧克力與可可粉，是一款微苦且帶有濃郁巧克力香的餅乾。
只要控制好溫度和時間，就能烤出外酥內軟的口感喔！

食材

雞蛋 55g
砂糖 45g
黃砂糖 45g
融化的黑巧克力 100g
融化的奶油 75g
低筋麵粉 70g
可可粉 10g
泡打粉 3g
鹽巴一小撮

準備工作

1
黑巧克力與奶油加熱融化，
並放至微溫。

2
低筋麵粉、可可粉、泡打粉、
鹽巴一起過篩。

how to make

烤箱

16個份

溫度攝氏160°C

時間8至10分鐘

1 在雞蛋中倒入砂糖與黃砂糖並打出泡泡。

2 將黑巧克力與奶油一起融化，待溫度降至微溫後倒入步驟1的盆中。

3 加入篩好的低筋麵粉、可可粉、泡打粉和鹽巴拌成麵團。

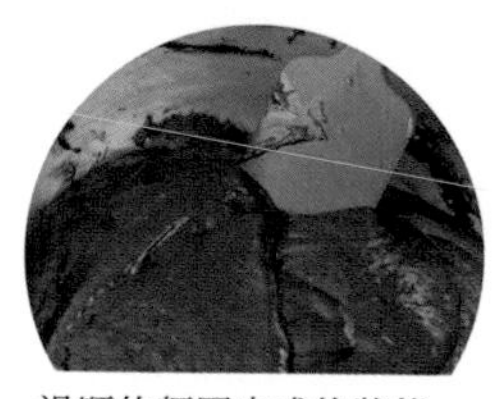

滑順的麵團完成的狀態。

4 用直徑3.5cm的冰淇淋挖勺挖出麵團，並大間隔擺盤。

5 放入攝氏160℃的烤箱烤8至10分鐘就完成了。

tip

「擺盤」是指將完成的麵團放到烤盤上的意思。指的通常是餅乾麵團塑形後放到餅乾烤盤上，或是將蛋糕麵糊倒入蛋糕模具中的意思。

CHAPTER 4

司康

在開始做司康之前

司康跟蛋糕或餅乾不一樣，通常是在想填飽肚子時會選擇的點心。因為質地介於麵包與餅乾之間，而且口味清爽，什麼時候吃都不會覺得膩。需要準備的食材與作法都不複雜，外型簡樸，看起來非常簡單，不過每次上司康課的時候，學生們總是異口同聲地說：

「真的很難找到好吃的司康。」
「雖然很簡單，但要做好吃真的不容易。」

為了做出美味的司康，我每次上課時都會特別強調一點：「不要拌太久」。

司康的麵團拌越久，烤出來就會越乾澀，也因此麵團最好不要多拌、多搓揉。製作過程中應該跟食譜上的麵團照片相互比較，這樣會比較有幫助。

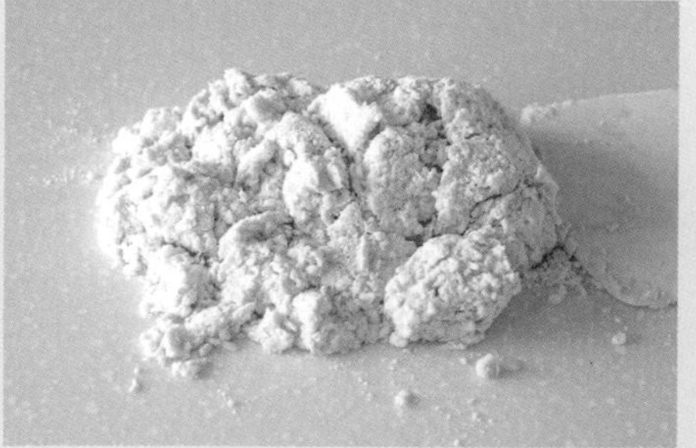

做好司康的麵團之後，應該要將麵團放入冰箱冷藏休息。加入眾多食材的麵團經過休息之後，會變得比較穩定、均衡，放入冰箱降溫也能讓麵團變得更容易塑形。塑形就是將麵團捏成理想形狀的過程，而本書中的司康大多是用模具或刀子切開。

在冰箱裡休息時為了避免麵團乾掉，應該將麵團用保鮮膜包起來，並用擀麵棍擀平。休息完後經過塑形就要立刻放入烤箱，所以最好在讓麵團休息之前，先處理成易於塑形的狀態。

司康烤好之後稍微放涼，趁著還未完全冷卻時熱熱吃最美味，可依照個人喜好搭配果醬。剩下的司康則可像麵包一樣密封，在室溫下約可放2至3天。

• Scone •
1

. Scone .

1

原味司康

Plain Scone

原味司康是司康的基本款，烤好之後稍微放涼直接吃，就能品嘗到又香又爽口的司康，也是最適合搭配果醬的司康。

食材

低筋麵粉 250g
砂糖 50g
泡打粉 12g
鹽巴 1g
奶油 60g
牛奶 80g
tip.塗抹在表面的適量牛奶另外準備
雞蛋 50g

準備工作

1
準備直徑6公分的圓形模具。

2
將低溫奶油切成方塊狀，然後放回冰箱裡等要用之前再拿出來。

3
低筋麵粉、砂糖、泡打粉、鹽巴一起過篩。

how to make

烤箱

7個份

溫度攝氏190°C

時間15至17分鐘

1 將過篩好的低筋麵粉、砂糖、泡打粉、鹽巴倒入盆中，並加入切好的低溫奶油。用刮板將奶油切至如紅豆般的大小。

奶油切成紅豆大小的樣子。

2 加入低溫牛奶與雞蛋，以切的方式拌勻。

3 將結塊的麵團倒在工作桌上。

4 切成一半。

5 將兩塊麵團疊在一起，盡量將麵團壓成跟原本的麵團一樣的高度。

6 重複步驟4、5的過程3至4次，讓麵團完全變成一整塊。

7 將麵團用保鮮膜包起來，用擀麵棍擀成約2cm高後，放入冰箱冷藏3小時休息。

8 在直徑6cm的圓形模具抹一些防沾黏粉，然後將麵團切下來。剩下的麵團捏在一起再繼續切，總共要切出7塊。

9 在麵團表面塗上牛奶。

tip 
如果希望烤出較深的顏色，也可以改抹蛋汁。

10 放入攝氏190℃的烤箱烤15至17分鐘就完成了。

2 • Scone •

. Scone .

2

切達起司司康

Cheddar Cheese Scone

需要正餐的替代品時，司康是很受歡迎的選擇。
這次我加入了切達起司，讓司康更有飽足感，即使不是切達起司也沒關係，
可以依照個人喜好改放其他起司。試著挑戰屬於自己的起司司康吧！

食材

低筋麵粉 250g
砂糖 50g
泡打粉 12g
鹽巴 1g
奶油 60g
牛奶 80g
雞蛋 50g
切達起司 50g
起司切片2片（裝飾用）

準備工作

1
將低溫奶油切成方塊狀，
然後放回冰箱裡等要用之前
再拿出來。

2
低筋麵粉、砂糖、泡打粉、
鹽巴一起過篩。

how to make

烤箱

8個份

溫度攝氏190°C

時間15至17分鐘

1 將過篩好的低筋麵粉、砂糖、泡打粉、鹽巴倒入盆中，並加入切好的低溫奶油。用刮板將奶油切至如紅豆般的大小。

奶油切成紅豆大小的樣子。

2 加入低溫牛奶與雞蛋，以切的方式拌勻。

3 將結塊的麵團倒在工作桌上，放入切達起司，用切的方式將起司跟麵團拌在一起。

4 切成一半。

5 將兩塊麵團疊在一起，盡量將麵團壓成跟原本的麵團一樣的高度。

6 重複步驟4、5的過程3至4次，讓麵團完全變成一整塊。

7 將麵團用保鮮膜包起來，用擀麵棍擀成20×10cm大、2cm高，接著放入冰箱冷藏3小時休息。

8 將麵團切成8等份。

9 在麵團表面放上四分之一片起司切片。

10 放入攝氏190℃的烤箱烤15至17分鐘就完成了。

• Scone •

3

Scone

3

莓果司康

Berry Berry Scone

司康很適合搭配甜甜的果醬。
也可以把一些能做成果醬的美味水果，直接加進司康裡試試看。
為了凸顯水果的酸甜滋味，建議最後一定要撒上一點砂糖做裝飾。

食材

低筋麵粉 250g
砂糖 50g
tip.裝飾用的砂糖另外準備
泡打粉 12g
鹽巴 1g
奶油 60g
原味優格 80g
雞蛋 50g
冷凍藍莓 70g
冷凍覆盆子 70g
牛奶適量（塗抹用）

準備工作

1
將低溫奶油切成方塊狀，然後放回冰箱裡等要用之前再拿出來。

2
低筋麵粉、砂糖、泡打粉、鹽巴一起過篩。

how to make

烤箱

8個份

溫度攝氏190°C

時間15至17分鐘

1 將過篩好的低筋麵粉、砂糖、泡打粉、鹽巴倒入盆中，並加入切好的低溫奶油。用刮板將奶油切至如紅豆般的大小。

奶油切成紅豆大小的樣子。

2 加入低溫原味優格與雞蛋，以切的方式拌勻。

3 將冷凍藍莓與覆盆子倒入盆中拌勻。

4 結塊的麵團倒在工作桌上，並將麵團切成一半。

5 將兩塊麵團疊在一起，盡量將麵團壓成跟原本的麵團一樣的高度。

6 重複步驟4、5的過程3至4次，讓麵團完全變成一整塊。

7 將麵團用保鮮膜包起來，用擀麵棍擀成2cm高後，放入冰箱冷藏30分鐘休息。

8 將麵團切成8等份。

9 在麵團表面塗上牛奶、撒上砂糖。

10 放入攝氏190℃的烤箱烤15至17分鐘就完成了。

4 • Scone •

. Scone .

4

芝麻司康

Sesame Scone

同時加入芝麻、杏仁粉和杏仁奶，可以讓司康越吃越香。
這種怎麼吃都不會膩的滋味，以及放再久也不會變乾變硬的柔軟口感，
真的令人忍不住想一吃再吃。

食材

低筋麵粉 200g
杏仁粉 50g
砂糖 50g
泡打粉 12g
鹽巴 1g
奶油 60g
杏仁奶 80g
雞蛋 50g
炒過的芝麻 25g
tip.裝飾用的炒芝麻另外準備
牛奶適量（塗抹用）

準備工作

1
將低溫奶油切成塊狀，
然後放回冰箱裡等要用之前
再拿出來。

2
低筋麵粉、杏仁粉、砂糖、
泡打粉、鹽巴一起過篩。

how to make

烤箱

8個份

溫度攝氏190°C

時間15至17分鐘

1 將炒過的芝麻裝入夾鏈袋中，並用擀麵棍壓碎。

2 將過篩好的低筋麵粉、杏仁粉、砂糖、泡打粉、鹽巴倒入盆中，並加入切好的低溫奶油，用刮板將奶油切至如紅豆般的大小。

奶油切成紅豆大小的樣子。

3 加入低溫杏仁奶與雞蛋，以切的方式拌勻。

4 結塊的麵團倒在工作桌上，再將步驟1的芝麻倒入麵團中揉在一起。

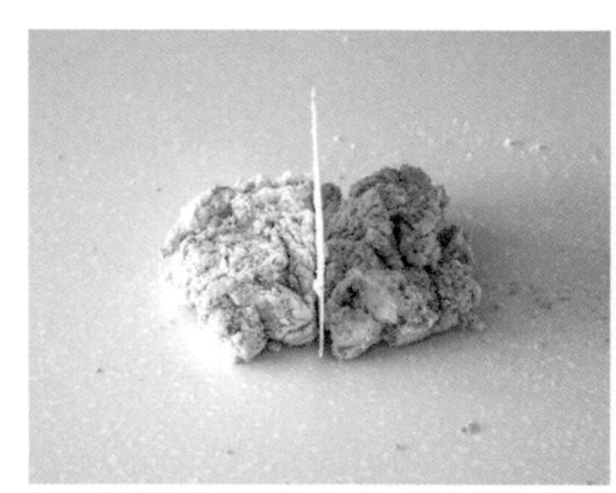

5 將麵團切成一半。

6 將兩塊麵團疊在一起，盡量將麵團壓成跟原本的麵團一樣的高度。

7 重複步驟5、6的過程3至4次，讓麵團完全變成一整塊。

8 將麵團用保鮮膜包起來，用擀麵棍擀成20cm×10cm、2cm 高後，放入冰箱冷藏3小時休息。

9 將麵團切成8等份。

10 在麵團表面塗上牛奶、撒上砂糖。

11 放入攝氏190℃的烤箱烤15至17分鐘就完成了。

• Scone •
5

. Scone .

5

番茄橄欖司康

Tomato Olive Scone

居家烘焙的魅力，就在於可以盡情加入自己想要的食材。
想要加點對身體有益的食材，烤出對健康有益的成品時，我推薦這一款番茄橄欖司康！
除了市售的番茄汁之外，也可以自己拿番茄打成汁來使用喔。

食材

- 低筋麵粉 250g
- 砂糖 50g
- 泡打粉 12g
- 鹽巴 1g
- 奶油 60g
- 番茄汁 80g
- 雞蛋 50g
- 黑橄欖 15個
- 牛奶適量（塗抹用）
- 帕馬森起司適量（裝飾用）

準備工作

1
將低溫奶油切成方塊狀，然後放回冰箱裡等要用之前再拿出來。

2
低筋麵粉、砂糖、泡打粉、鹽巴一起過篩。

3
將黑橄欖切成4等份

how to make

烤箱

8個份

溫度攝氏190°C

時間15至17分鐘

1 將過篩好的低筋麵粉、砂糖、泡打粉、鹽巴倒入盆中，並加入切好的低溫奶油，用刮板將奶油切至如紅豆般的大小。

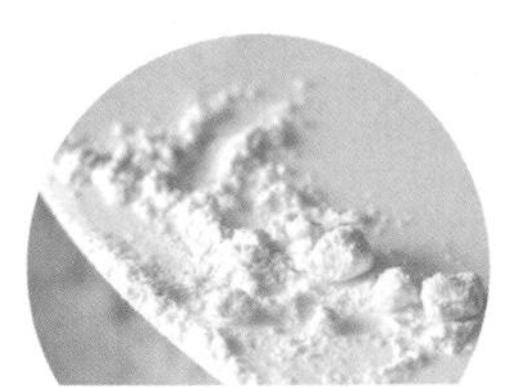
奶油切成紅豆大小的樣子。

2 加入低溫番茄汁與雞蛋，以切的方式拌勻。

3 結塊的麵團倒在工作桌上，再倒入黑橄欖揉在一起。

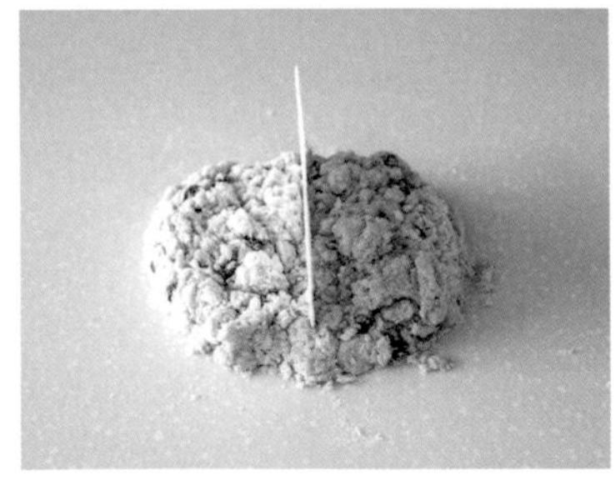

4 將麵團切成一半。

5 將兩塊麵團疊在一起，盡量將麵團壓成跟原本的麵團一樣的高度。

6 重複步驟4、5的過程3至4次，讓麵團完全變成一整塊。

7 將麵團用保鮮膜包起來，用擀麵棍擀成2cm高，放入冰箱冷藏3小時休息。

8 將麵團切成8等份。

9 在麵團表面塗上牛奶、撒上帕馬森起司。

10 放入攝氏190℃的烤箱烤15至17分鐘就完成了。

• Scone •
6

Scone

6

鮮奶油方塊司康

Whipping Cream Cube Scone

是造型與味道都與一般司康截然不同的新鮮司康。
以鮮奶油代替奶油、牛奶與雞蛋，使味道變得清爽。
多虧了可以一口一個的大小和酥脆的口感，也使它成為最佳點心！

食材

低筋麵粉 250g
砂糖 50g
泡打粉 8g
鹽巴 1g
鮮奶油 200g
牛奶適量（塗抹用）

準備工作

1
將低溫奶油切成方塊狀，
然後放回冰箱裡等要用之前
再拿出來。

2
低筋麵粉、砂糖、泡打粉、
鹽巴一起過篩。

how to make

烤箱

110個份

溫度攝氏190°C

時間10至12分鐘

1 將過篩好的低筋麵粉、砂糖、泡打粉、鹽巴倒入盆中，並加入低溫鮮奶油，用刮板用切的方式拌勻。

2 將結塊的麵團倒在保鮮膜上並隨意揉在一起。

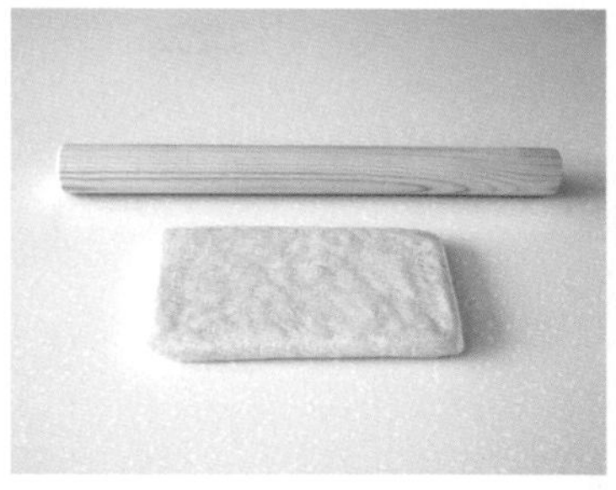

3 用保鮮膜將麵團包住，在用擀麵棍擀成1cm厚，接著放入冰箱冷凍2小時休息。

4 將麵團切成1.5cm×1.5cm大。

5 在表面抹上牛奶。

6 放入攝氏190℃的烤箱烤10至12分鐘就完成了。

CHAPTER 5

磅蛋糕

Pound

在開始做
磅蛋糕
之前

磅蛋糕是分別用一磅的奶油、砂糖、麵粉、雞蛋混合製成的蛋糕，因此才被稱為磅蛋糕。也就是說用同等份量的四種材料，就能做出簡單卻十分美味的蛋糕。本書將會延續這個基本配方，介紹不同風味的六種磅蛋糕食譜。

六種磅蛋糕中除了火腿起司青蔥磅蛋糕之外，剩下的五種磅蛋糕都是使用糖油拌合法製作。糖油拌合法（Cream Method）是在奶油裡加入砂糖打發後，再將雞蛋一點一點加入、攪拌的方法。這時的重點是奶油與雞蛋的溫度。奶油和雞蛋都必須是室溫狀態，這樣才能夠打出滑順的麵糊。如果兩者當中有任何一個是低溫狀態，那麵糊就會油水分離，麵糊表面也會裂開。油水分離的麵糊做出來的磅蛋糕口感不好，吃起來會非常油，所以請注意奶油與雞蛋的溫度。

除了檸檬蛋糕之外的五種磅蛋糕全都是使用磅蛋糕模。如果直接把麵糊倒入模具中拿去烤，脫模時可能會遭遇困難，所以請務必使用烘焙紙。配合模具的形狀與尺寸剪裁烘焙紙，再將烘焙紙放入模具中的方法如下：

1　先剪下符合模具大小的烘焙紙，再將烘焙紙折成模具的形狀。

2　如圖所示剪開。

3　依照形狀疊起來，用左右的翅膀夾住側面的烘焙紙，然後再放進模具裡。

比起在磅蛋糕剛烤出爐的當天吃，更建議密封後在室溫下放一天熟成再吃更美味。因為經過熟成的磅蛋糕會變得濕潤，且每一種材料相互調和、味道更加和諧。如果是放醃漬水果當裝飾、當餡料的磅蛋糕，則建議冷藏保存。此外的磅蛋糕則密封後放在室溫下，可以吃3至4天。

• Pound • 1

· Pound ·

1

雙色磅蛋糕

Two Ton Pound

這是切開來就會呈現兩種顏色的迷人雙色磅蛋糕。
可以一次品嘗到在基本磅蛋糕中加入香草籽的香草磅蛋糕，
以及加入大量抹茶的濃郁抹茶磅蛋糕，是最適合同時享受兩種不同滋味的作法。

食材

奶油 160g

砂糖 160g

雞蛋 160g

香草麵糊用
- 低筋麵粉 80g
- 香草豆莢 1個
- 泡打粉 1g

抹茶麵糊用
- 低筋麵粉 75g
- 抹茶粉 6g
- 泡打粉 1g

準備工作

1
準備兩個磅蛋糕模（7cm×15cm×6cm），並鋪好烘焙紙。

2
準備室溫狀態的奶油與雞蛋。

3
香草麵糊用的低筋麵粉、泡打粉一起過篩。抹茶麵糊用的低筋麵粉、抹茶、泡打粉一起過篩。

how to make

烤箱

份量 7cm×15cm×6cm 2個

溫度攝氏 170°C

時間35至40分

1 以手持電動攪拌器開中速輕輕將室溫奶油拌開。

2 加入砂糖以中速攪拌。

3 一點一點倒入室溫雞蛋，並以中速拌勻。

4 將步驟3的奶油用秤分成兩半。

5 其中一半的奶油加入香草籽、篩好的低筋麵粉與泡打粉拌勻。

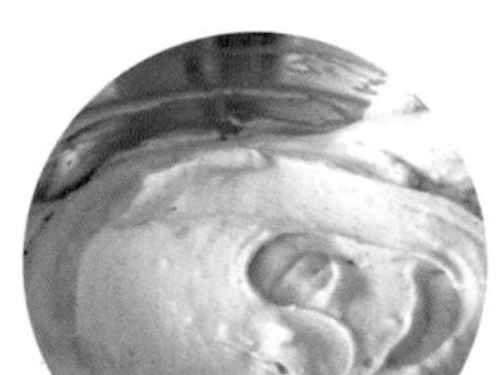

香草麵糊完成的樣子。

6 另外一半則加入篩好的低筋麵粉、抹茶與泡打粉拌勻。

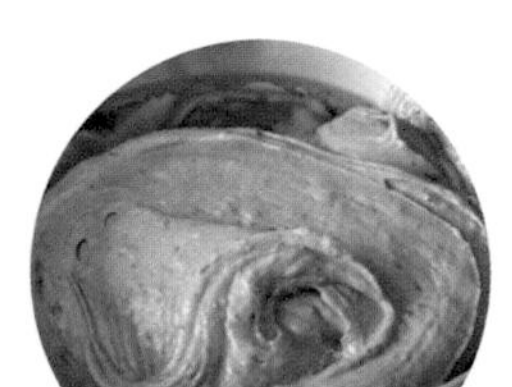

抹茶麵糊完成的樣子。

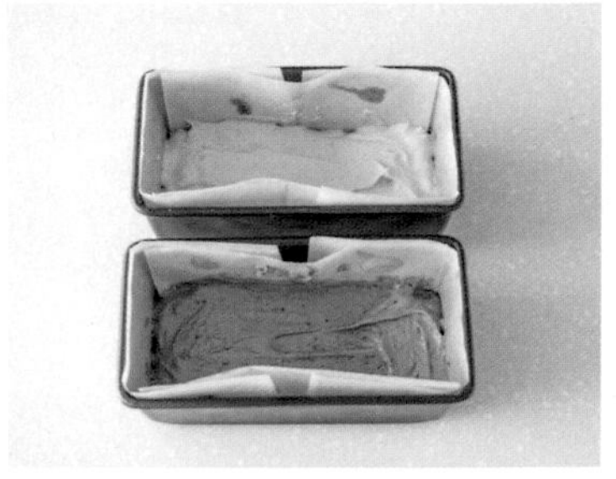

7 將香草與抹茶麵糊倒入鋪好烘焙紙的模具中，麵糊大約倒到模具的一半高。

8 將抹茶麵糊倒至香草麵糊上、將香草麵糊倒至抹茶麵糊上，再用刮刀將麵糊從中間往旁邊推，推到底後再把刮刀拉起來，將左右兩側的麵糊整平。

9 放入攝氏170℃的烤箱烤35至40分鐘。烤好之後脫模，放在冷卻網上等待散熱。

• Pound • 2

Pound

2

柳橙磅蛋糕

Orange Pound

在蛋糕中加入整顆自己煮的蜜糖柳橙，一口咬下的瞬間，就能感受到柳橙香在嘴裡擴散開來。
柳橙使用之前請先用鹽巴、小蘇打粉等清洗乾淨。

蜜糖柳橙食材

柳橙 2個
砂糖 45g

磅蛋糕麵糊食材

奶油 160g
砂糖 160g
雞蛋 160g
低筋麵粉 160g
泡打粉 2g

準備工作

1
準備兩個磅蛋糕模(7cm×15cm×6cm)，並鋪好烘焙紙。

2
準備室溫狀態的奶油與雞蛋。

3
低筋麵粉、泡打粉一起過篩。

how to make

烤箱

份量 7cm×15cm×6cm 2個

溫度攝氏 170°C

時間25至30分 ▷ 放上蜜蜂柳橙 ▷ 10至15分

1 將一顆柳橙切成薄片，並將另外一顆榨成汁。將切好的柳橙與柳橙果汁、砂糖放入鍋中，熬煮10至15分鐘做成蜜糖柳橙。

2 除了裝飾用的柳橙汁外，其餘的都切碎。

3 以手持電動攪拌器開中速輕輕將室溫奶油拌開。

4 加入砂糖以中速攪拌。

5 一點一點倒入室溫雞蛋，並以中速拌勻。

6 加入篩好的低筋麵粉與泡打粉拌勻。

7 加入切碎的蜜糖柳橙拌勻，麵糊就完成了。

麵糊完成的樣子。

8 將麵糊倒入鋪好烘焙紙的模具中，用刮刀將麵糊從中間往旁邊推，推到底後再把刮刀拉起來，將左右兩側的麵糊整平，然後放入攝氏170℃的烤箱。

9 烤25至30分鐘左右時將蛋糕從烤箱中拿出來，放上裝飾用的蜜糖柳橙後，再放回烤箱裡烤10至15分鐘。

tip 要等到磅蛋糕完全不再膨脹之後再放上蜜糖柳橙，蛋糕才不會被壓垮。放蜜糖柳橙的時間可能會因為烤箱而不同，建議觀察磅蛋糕的狀態隨時做判斷。

10 烤好的磅蛋糕脫模後放在冷卻網上冷卻。

• Pound •

3

.Pound.

3

蘋果奶酥磅蛋糕

Apple Crumble Pound

這是磅蛋糕版本的蘋果派。
我將燉煮到軟爛的蘋果和又香又脆的奶酥加入麵糊中，做成這款磅蛋糕。
如果喜歡煮過的蘋果，也可以隨自己的喜好增減份量喔。

奶酥食材

•

奶油 40g
黃砂糖 40g
杏仁粉 40g
低筋麵粉 40g

燉蘋果食材

•

蘋果 200g
砂糖 70g
奶油適量

磅蛋糕麵糊食材

•

奶油 160g
砂糖 160g
雞蛋 160g
低筋麵粉 160g
泡打粉 2g

準備工作

•

1
準備兩個磅蛋糕模(4.5cm×23cm×5cm)，並鋪好烘焙紙。

2
準備室溫狀態的奶油與雞蛋。

3
低筋麵粉、泡打粉一起過篩。

how to make

烤箱

份量 4.5cm×23cm×5cm 2個

溫度攝氏 170°C

時間35至40分

1 為了要做酥皮，首先將室溫奶油輕輕打散。

2 加入黃砂糖拌勻。

3 將篩好的杏仁粉與低筋麵粉倒入，用切的方式拌勻。

4 等麵粉結塊之後就放入冰箱，等要用之前再拿出來。

5 在鍋中抹一點奶油，將削皮、去籽的蘋果切成小塊之後放入鍋中，接著倒入砂糖，開火燉煮至蘋果變透明為止。

6 以手持電動攪拌器開中速輕輕將室溫奶油拌開。

7 加入砂糖以中速攪拌。

8 一點一點倒入室溫雞蛋，並以中速拌勻。

9 加入篩好的低筋麵粉與泡打粉拌勻。

麵糊完成的樣子。

Pound

10 將麵糊裝入擠花袋中，然後將一半的麵糊倒入鋪好烘焙紙的模具裡，接著放上燉煮好的蘋果，接著再倒入另外一半的麵糊。

tip 如果模具本身太窄，麵糊就比較不能用倒的。推薦可以將麵糊裝在擠花袋裡，用擠的把麵糊擠進模具中。

11 將奶酥鋪在步驟10的麵糊上，放入攝氏170℃的烤箱裡烤35至40分鐘。

12 從烤箱中拿出來後脫模，並放在冷卻網上冷卻。

• Pound •

4

Pound

4

檸檬蛋糕

Lamon Cake

Pound

檸檬皮與檸檬糖霜，讓這款磅蛋糕滿滿都是清爽的檸檬香。
用檸檬形狀的模具去烤，看起來是不是更可口了呢？
如果想吃甜一點，建議可以抹更多的檸檬糖霜喔。

磅蛋糕麵糊食材

奶油 160g
砂糖 160g
雞蛋 160g
低筋麵粉 160g
泡打粉 2g
檸檬皮 2顆份

檸檬糖霜食材

糖粉 200g
檸檬汁 30g

準備工作

1
準備兩個有8個8cm×5.5cm檸檬形狀烤模的模具。

2
準備室溫狀態的奶油與雞蛋。

3
低筋麵粉、泡打粉一起過篩。

how to make

烤箱

份量16個

溫度攝氏 170°C

時間15至20分

1 以手持電動攪拌器開中速輕輕將室溫奶油拌開。

2 加入砂糖以中速攪拌。

3 一點一點倒入室溫雞蛋，並以中速拌勻。

4 加入檸檬皮、篩好的低筋麵粉與泡打粉拌勻。

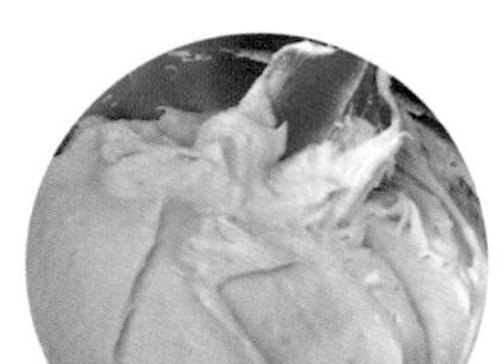

麵糊完成的樣子。

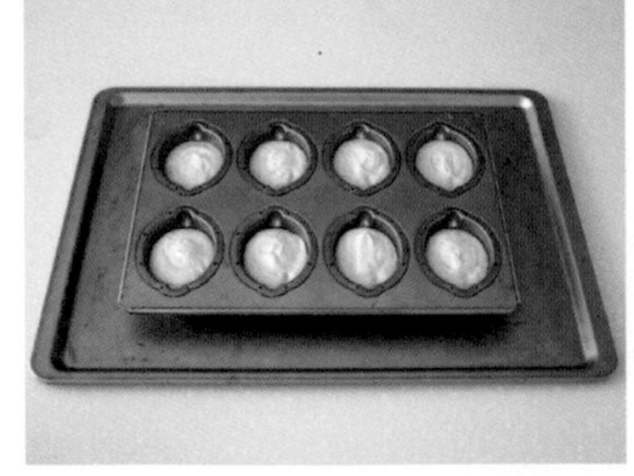

5 將麵糊裝入擠花袋中並擠入模具中，約擠到模具的80%滿，然後放入攝氏170℃的烤箱裡烤15至20分鐘。

6 烤好之後從烤箱中拿出來並脫模，並放在冷卻網上冷卻。

7 將檸檬糖霜的材料拌在一起。過程中調整糖粉與檸檬汁的比例，調整成可以塗抹在蛋糕上的濃度。

8 抹上檸檬糖霜就完成了。

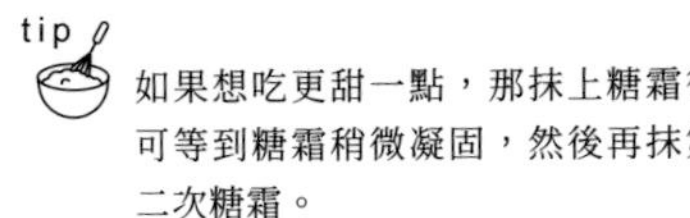

tip 如果想吃更甜一點，那抹上糖霜後可等到糖霜稍微凝固，然後再抹第二次糖霜。

• Pound •
5

Pound

5

巧克力大理石磅蛋糕

Chocolate Marble Pound

做出美麗大理石紋路的方法，就是「麵糊隨便拌一拌就好」。
加入巧克力麵糊後只要拌三次，接著立刻將麵糊倒入模具中。
因為裝模的過程麵糊也會經過一次混合，所以大家記得最好不要拌太多次喔。

食材

奶油 160g
砂糖 160g
雞蛋 160g
低筋麵粉 160g
泡打粉 2g
可可粉 10g

準備工作

1
準備兩個磅蛋糕模
(7cm×15cm×6cm)，
並鋪好烘焙紙。

2
準備室溫狀態的奶油與雞蛋。

3
低筋麵粉、泡打粉一起過篩。

how to make

烤箱

份量 7cm×15cm×6cm 2個

溫度攝氏 170°C

時間35至40分

1 以手持電動攪拌器開中速輕輕將室溫奶油拌開。

2 加入砂糖以中速攪拌。

3 一點一點倒入室溫雞蛋，並以中速拌勻。

4 加入篩好的低筋麵粉與泡打粉拌勻。

5 將1/4的麵糊裝入另一個盆子，接著加入可可粉拌成巧克力麵糊。

tip

用麵糊成品加可可粉拌成巧克力麵糊，可能會遇到結塊拌不開的問題。建議可可粉要篩過之後再加到麵糊中，拌完之後也要再仔細檢查是否有結塊的可可粉。

巧克力麵糊完成的樣子。

6 將巧克力麵糊分3至4次加入原本的麵糊中拌勻。

7 拌3次拌出大理石紋路。

tip 拌超過3次就可能不會有大理石紋路，請剛好拌3次就好。

8 將麵糊倒入鋪好烘焙紙的模具中，用刮刀從中間往左右兩側推以將麵糊整平。

9 放入攝氏170℃的烤箱烤35至40分鐘，從烤箱裡拿出來後脫模，放在冷卻網上冷卻散熱。

•Pound•
6

.Pound.

6

火腿起司青蔥磅蛋糕

Ham Cheese Chives Pound

不像一般的磅蛋糕，沒有攪拌奶油、砂糖、雞蛋的乳化過程。
只要把所有的食材拌在一起，就能輕鬆做出這款磅蛋糕。
加入火腿、起司等鹹食材，讓磅蛋糕別有一番風味。非常適合當早餐喔。

食材

雞蛋 120g
奶油 90g
砂糖 25g
沙拉油 115g
低筋麵粉 190g
泡打粉 3g
鹽巴一小撮
火腿 35g
碎切達起司 50g
帕瑪森起司 50g
珠蔥 25g

準備工作

1
準備兩個磅蛋糕模(7cm×15cm×6cm)，並鋪好烘焙紙。

2
低筋麵粉、泡打粉、鹽巴一起過篩。

how to make

烤箱

份量 7cm×15cm×6cm 2個

溫度攝氏 170°C

時間35至40分

1 準備好碎切達起司與帕馬森起司，再把火腿跟珠蔥切丁。

2 將雞蛋、牛奶、砂糖拌在一起。

3 沙拉油一點一點加入其中並拌勻。

4 加入篩好的低筋麵粉、泡打粉與鹽巴拌勻。

5 將準備好的火腿、切達起司、帕馬森起司、珠蔥倒入拌勻。

麵糊完成的樣子。

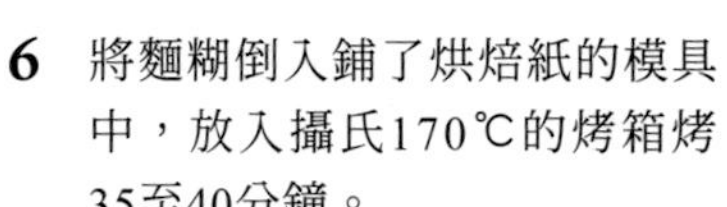

6 將麵糊倒入鋪了烘焙紙的模具中，放入攝氏170℃的烤箱烤35至40分鐘。

7 從烤箱裡拿出來後脫模，放在冷卻網上冷卻散熱。

CHAPTER 6

瑪德蓮 & 費南雪

在開始做瑪德蓮與費南雪之前

瑪德蓮與費南雪都有可愛的外型與尺寸，也因此成了很受歡迎的禮物。除了本書使用的模具之外，各位也可以用其他不同形狀的模具，做成自己喜歡的瑪德蓮與費南雪。書中使用的模具資訊如下：

- 瑪德蓮模：CUOCA瑪德蓮8模具（1個7.5cm×4.5cm）
- 費南雪模：Silikomart SF039（1個10cm×4.5cm）

食譜的份量是配合使用的模具大小與份量，如果是使用其他的模具，那完成品的數量可能會出現差異。

瑪德蓮與費南雪模具在倒入麵糊之前，一定要先進行前處理。如果是使用有塗料的模具或矽膠模具，請一定要仔細地用刷子將放在室溫下已經軟化的奶油塗抹在模具上，如果有哪裡沒有抹到奶油，脫模時很可能會使成品黏在模具上。

即使仔細抹上奶油，烤好的成品仍無法順利脫模的話，那在抹上奶油之後稍微篩一點麵粉在模具上，這樣就能夠避免沾黏。撒上麵粉之後要將模具翻過來，稍微敲一敲抖掉多餘的麵粉。如果有多餘的麵粉殘留在模具中，與麵糊混合在一起就可能會使麵糊變硬。

瑪德蓮與費南雪的麵糊完成後，都要用保鮮膜包起來放進冰箱冷藏休息一小時。因為加入許多食材，麵糊經過休息後較能達到平衡狀態，也能夠讓麵糊固著，變得更容易擠入模具中。但過度休息反而會妨礙麵糊膨脹，所以休息時間不能超過一小時。

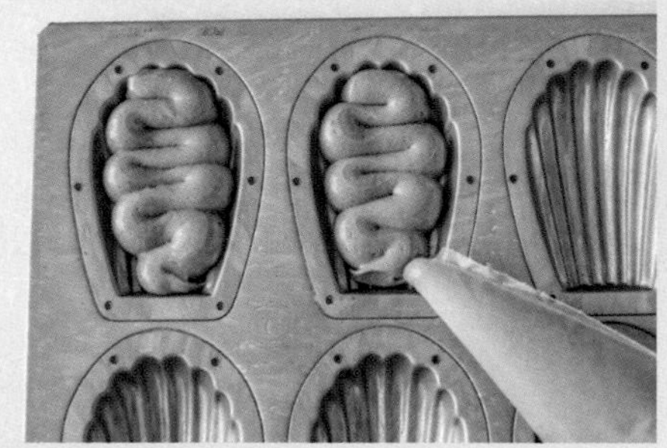

瑪德蓮、費南雪、布朗迪、布朗尼都需要密封並存放在室溫底下。除了炎熱的夏天之外，在室溫下大約可放4至5天。比起烤好當天立刻吃，瑪德蓮與費南雪更適合密封後經過一天的熟成再吃，這樣更能品嘗到濕潤、豐富的滋味。

• Madeleine • 1

Madeleine

1

抹茶瑪德蓮

Green Tea Madeleine

用貝殼形狀的模具烤出來的瑪德蓮，可愛的造型很受大家的喜歡，
烤成不同的顏色更能吸引眾人的目光，來自大自然的綠色尤其迷人。
抹茶的柔和色澤與香味，尤其適合瑪德蓮。

食材

奶油 60g
tip.要抹在模具裡的少量奶油另外準備。
雞蛋 50g
砂糖 45g
糖漿 10g
低筋麵粉 50g
抹茶 4g
泡打粉 1.5g

準備工作

1
準備1格7.5cm×4.5cm，
共有8格的瑪德蓮模具。

2
將奶油(60g)融化，融化後放置微溫。
塗抹在模具中的奶油則需要室溫奶油。

3
準備室溫的雞蛋。

4
低筋麵粉、抹茶、泡打粉一起過篩。

how to make

烤箱

份量8個

溫度攝氏 180°C

時間10至12分

1 將奶油(60g)融化後放涼。接著用另外準備的奶油（室溫狀態）塗抹在模具中。

2 在室溫雞蛋中加入砂糖與糖漿拌勻。

3 將過篩好的低筋麵粉、抹茶、泡打粉倒入步驟2的盆中拌勻。

4 將溫度降至微溫的奶油一點一點倒入麵糊中拌勻。

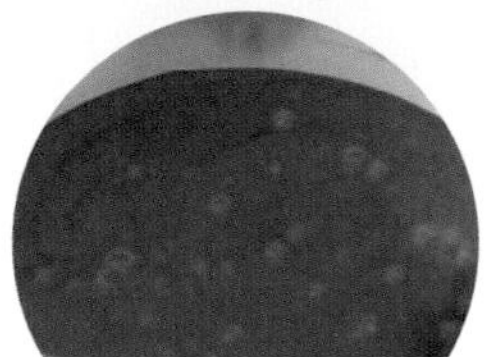

麵糊完成的樣子。用保鮮膜包起來放進冰箱冷藏休息1小時。

5 將麵糊裝入擠花袋中擠到模具裡。

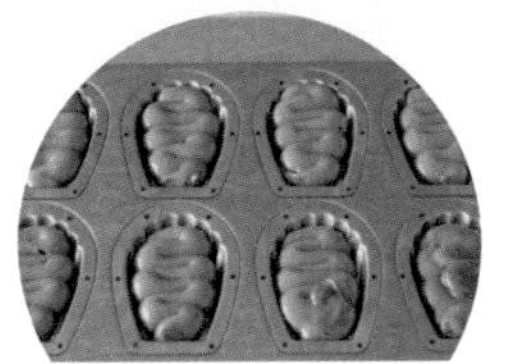

麵糊擠入模具的樣子。

tip 只要擠到模具的80%滿就好。

6 放入攝氏180℃的烤箱烤10至12分鐘。

• Madeleine • 2

Madeleine

2

椰子瑪德蓮

Coconut Madeleine

在又甜又軟的瑪德蓮裡加入椰子的香味。
如果是喜歡椰子口感的人，可以將椰絲（椰子切片）拌入麵糊裡，
或是將麵糊擠入模具後再放上椰絲。

食材

奶油 60g

tip.要抹在模具裡的少量奶油另外準備。

雞蛋 50g

砂糖 45g

糖漿 8g

低筋麵粉 40g

椰子粉 15g

泡打粉 1.5g

準備工作

1
準備1格7.5cm×4.5cm，
共有8格的瑪德蓮模具。

2
將奶油(60g)融化，融化後放置微溫。
塗抹在模具中的奶油則需要室溫奶油。

3
準備室溫的雞蛋。

4
低筋麵粉、椰子粉、泡打粉一起過篩。

how to make

烤箱

份量8個

溫度攝氏 180°C

時間10至12分

1 將奶油(60g)融化後放涼。接著用另外準備的奶油（室溫狀態）塗抹在模具中。

2 在室溫的雞蛋中加入砂糖與糖漿拌勻。

3 將過篩好的低筋麵粉、椰子粉、泡打粉倒入盆中拌勻。

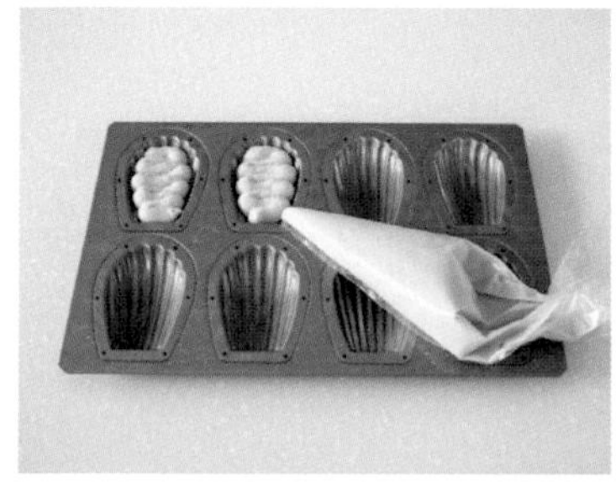

4 將溫度降至微溫的奶油一點一點倒入麵糊中拌勻。

麵糊完成的樣子。用保鮮膜包起來放進冰箱冷藏休息1小時。

5 將麵糊裝入擠花袋中擠到模具裡。

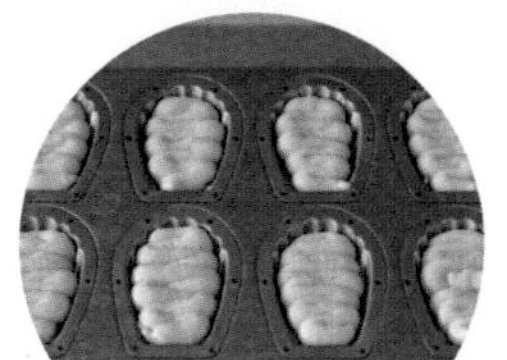

麵糊擠入模具的樣子。

只要擠到模具的80%滿就好。

6 放入攝氏180℃的烤箱烤10至12分鐘。

• Madeleine • 3

Madeleine

3

伯爵瑪德蓮

Earl Grey Madeleine

瑪德蓮是最受歡迎的茶點，其滋味十分適合紅茶。
我們可以將茶葉磨碎後加入麵糊，或是用茶包泡出紅茶後，與粉類食材混合拌成麵糊。
一口咬下伯爵茶瑪德蓮，立刻就能感受到濃郁的紅茶香在嘴裡擴散開來。

食材

奶油 60g
tip.要抹在模具裡的少量奶油另外準備。

雞蛋 50g

砂糖 45g

糖漿 8g

低筋麵粉 50g

伯爵茶粉 4g

泡打粉 1.5g

準備工作

1
準備1格7.5cm×4.5cm，
共有8格的瑪德蓮模具。

2
將奶油(60g)融化，融化後放置微溫。
塗抹在模具中的奶油則需要室溫奶油。

3
準備室溫的雞蛋。

4
低筋麵粉、伯爵茶粉、泡打粉一起過篩。

how to make

烤箱

份量8個

溫度攝氏 180°C

時間10至12分

1 將奶油(60g)融化後放涼。接著用另外準備的奶油（室溫狀態）塗抹在模具中。

2 在室溫的雞蛋中加入砂糖與糖漿拌勻。

3 將過篩好的低筋麵粉、伯爵茶粉、泡打粉倒入盆中拌勻。

4 將溫度降至微溫的奶油一點一點倒入麵糊中拌勻。

5 將麵糊裝入擠花袋中擠到模具裡。

6 放入攝氏180℃的烤箱烤10至12分鐘。

麵糊完成的樣子。用保鮮膜包起來放進冰箱冷藏休息1小時。

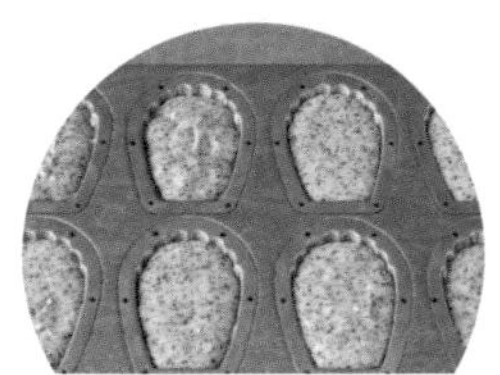

麵糊擠入模具的樣子。

tip  只要擠到模具的80%滿就好。

• Madeleine •
4

Madeleine

4

玉米瑪德蓮

Corn Madeleine

這是一款完整保留玉米香甜滋味的玉米瑪德蓮，
推薦給喜歡清爽甜點的你。

食材

奶油 60g
tip.要抹在模具裡的少量奶油另外準備。
雞蛋 50g
砂糖 40g
糖漿 5g
低筋麵粉 40g
玉米粉 10g
泡打粉 1.5g
鹽巴 1g
罐頭玉米粒 40g

準備工作

1
準備1格7.5cm×4.5cm，共有8格的瑪德蓮模具。

2
將奶油(60g)融化，融化後放置微溫。塗抹在模具中的奶油則需要室溫奶油。

3
準備室溫的雞蛋。

4
低筋麵粉、玉米粉、泡打粉一起過篩。

how to make

烤箱

份量8個

溫度攝氏 180°C

時間10至12分

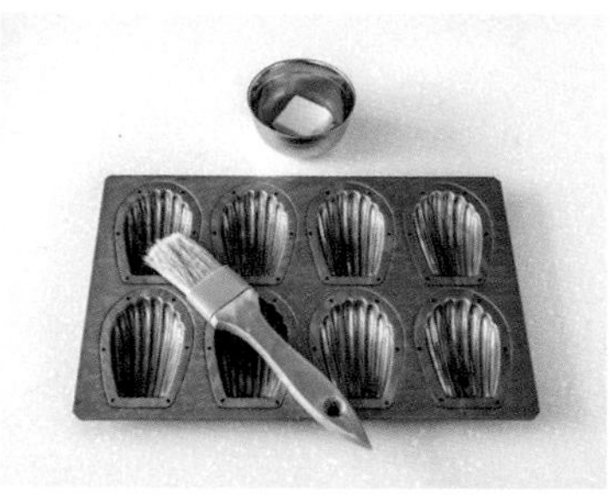

1 將奶油(60g)融化後放涼。接著用另外準備的奶油（室溫狀態）塗抹在模具中。

2 在室溫的雞蛋中加入砂糖與糖漿拌勻。

3 將過篩好的低筋麵粉、玉米粉、泡打粉倒入盆中拌勻。

4 將溫度降至微溫的奶油一點一點倒入麵糊中拌勻。

5 加入玉米粒後拌勻成麵糊。

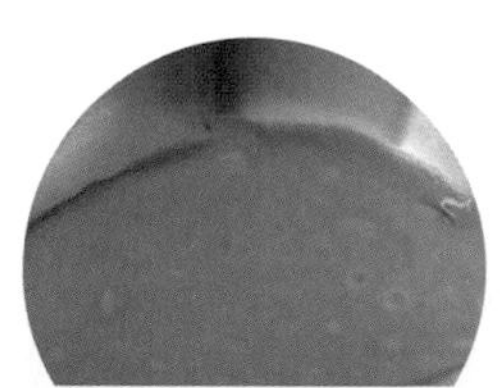

麵糊完成的樣子。用保鮮膜包起來放進冰箱冷藏休息1小時。

6 將麵糊裝入擠花袋中擠到模具裡。

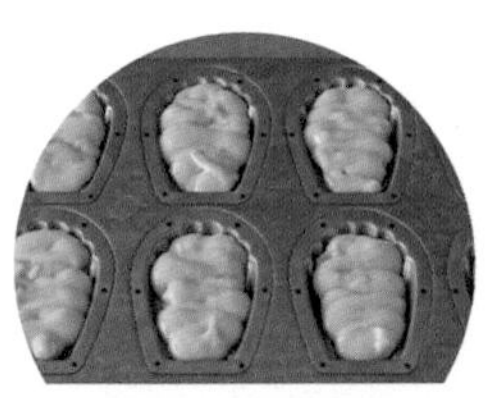

麵糊擠入模具的樣子。

tip 只要擠到模具的80%滿就好。

7 放入攝氏180℃的烤箱烤10至12分鐘。

• Madeleine • 5

Madeleine

5

柚子瑪德蓮

Yuza Madeleine

如果冬天用來泡香甜熱柚子茶的柚子醬還有剩，那就試著拿來做烘焙的食材吧。
把柚子從柚子醬中撈出來加入麵糊裡，就能做出爽口香甜的瑪德蓮了。
直接用柚子醬會使柚子香變淡，口味也會比較甜，做的時候請多留意。

食材

奶油 60g
tip.要抹在模具裡的少量奶油另外準備。

雞蛋 50g

砂糖 40g

糖漿 5g

低筋麵粉 50g

泡打粉 1.5g

柚子醬的柚子 40g

準備工作

1
準備1格7.5cm×4.5cm，
共有8格的瑪德蓮模具。

2
將奶油(60g)融化，融化後放置微溫。
塗抹在模具中的奶油則需要室溫奶油。

3
準備室溫的雞蛋。

4
低筋麵粉、泡打粉一起過篩。

how to make

烤箱

份量8個

溫度攝氏 180°C

時間10至12分

1 將奶油(60克)融化後放涼。接著用另外準備的奶油（室溫狀態）塗抹在模具中。

2 在室溫的雞蛋中加入砂糖與糖漿拌勻。

3 將過篩好的低筋麵粉、泡打粉倒入盆中拌勻。

4 將溫度降至微溫的奶油一點一點倒入麵糊中拌勻。

5 從柚子醬中撈出柚子，切碎之後加入麵糊中拌勻。

麵糊完成的樣子。用保鮮膜包起來放進冰箱冷藏休息1小時。

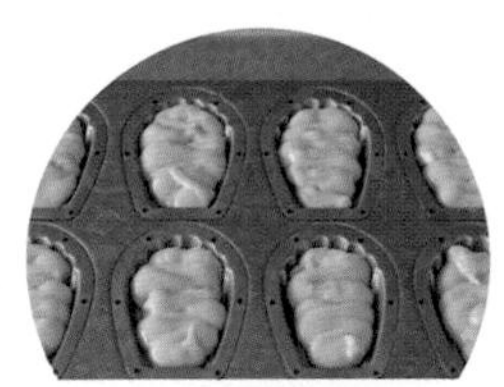

麵糊擠入模具的樣子。

6 將麵糊裝入擠花袋中擠到模具裡。

tip 只要擠到模具的80%滿就好。

7 放入攝氏180℃的烤箱烤10至12分鐘。

• Financier •
1

棒果費南雪

Hazelnut Financier

堅果類都很香，每一種也各自有不同的風味。
這一份食譜跟其他費南雪的食譜不一樣，選擇在麵糊中加入榛果粉代替杏仁粉，
最後再用榛果作為裝飾點綴。是可以完整感受榛果風味的費南雪。

食材

奶油 100g
tip.要抹在模具裡的少量奶油另外準備。

蛋白 80g

砂糖 80g

蜂蜜 10g

榛果粉 45g

低筋麵粉 40g

泡打粉 1.5g

鹽巴 1g

榛果適量（裝飾用）

準備工作

1
準備1格10cm×4.5cm，
共有9格的費南雪模具。

2
塗抹在模具中的奶油與蛋白
需要是室溫狀態。

3
榛果粉、低筋麵粉、泡打粉、
鹽巴一起過篩。

how to make

烤箱

份量9個

溫度攝氏 180°C

時間12至15分

1 將另外準備的奶油（室溫狀態）塗抹在模具中。

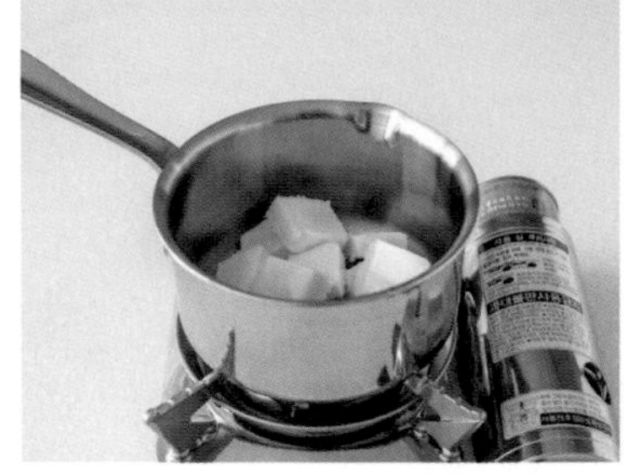

2 將奶油(100g)放入湯鍋中加熱融化。

3 煮到水分完全蒸發後就關火。

4 倒到篩網上冷卻。

5 將砂糖加入室溫蛋白中拌勻。

6 將過篩好的榛果粉、低筋麵粉、泡打粉、鹽巴倒入盆中拌勻。

7 將溫度降至微溫的奶油一點一點倒入麵糊中拌勻。

麵糊完成的樣子。用保鮮膜包起來放進冰箱冷藏休息1小時。

8 將麵糊裝入擠花袋中擠到模具裡。

只要擠到模具的90%滿就好。

9 放上榛果。

10 放入攝氏180℃的烤箱烤12至15分鐘。

• Financier • 2

Financier

2

巧克力覆盆子費南雪

Chocolate Raspberry Financier

加熱過的奶油與可可粉相遇，就成了能充分品味濃郁巧克力滋味的費南雪。
巧克力濃郁但卻可能太過厚重的口感，就用覆盆子的酸味中和。
如果喜歡更濃郁的巧克力滋味，也可以用巧克力碎片代替覆盆子喔。

食材

奶油 100g
tip.要抹在模具裡的少量奶油另外準備。
蛋白 80g
砂糖 80g
蜂蜜 10g
杏仁粉 45g
低筋麵粉 30g
可可粉 10g
泡打粉 1.5g
鹽巴 1g
覆盆子適量

準備工作

1
準備1格10cm×4.5cm，
共有9格的費南雪模具。

2
塗抹在模具中的奶油與蛋白
需要是室溫狀態。

3
杏仁粉、低筋麵粉、可可粉、
泡打粉、鹽巴一起過篩。

how to make

烤箱

份量9個

溫度攝氏 180°C

時間12至15分

1 將另外準備的奶油（室溫狀態）塗抹在模具中。

2 將奶油(100g)放入湯鍋中加熱融化。

3 煮到水分完全蒸發後就關火。

4 倒到篩網上冷卻。

5 將砂糖加入室溫蛋白中拌勻。

6 將過篩好的杏仁粉、低筋麵粉、可可粉、泡打粉、鹽巴倒入盆中拌勻。

7 將溫度降至微溫的奶油一點一點倒入麵糊中拌勻。

麵糊完成的樣子。用保鮮膜包起來放進冰箱冷藏休息1小時。

8 將麵糊裝入擠花袋中擠到模具裡。

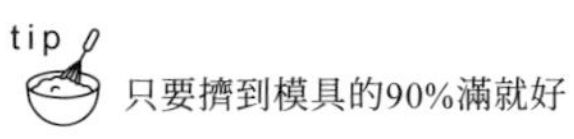

tip 只要擠到模具的90%滿就好。

9 放上覆盆子。

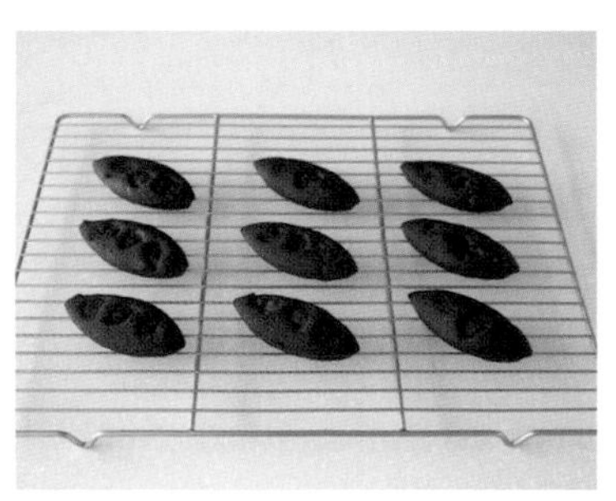

10 放入攝氏180℃的烤箱烤12至15分鐘。

3
• Financier •

Financier

3

無花果費南雪

Fig Financier

無花果產季雖然不長，但每到產季時就能吃到美味的新鮮無花果。
酸甜的新鮮無花果固然美味，但一年四季都能品嘗的無花果乾擁有濃郁的香味，又是另一種魅力。
無花果乾浸泡橙酒，加入烘焙甜點、磅蛋糕當中都十分美味，希望大家務必嘗試看看。

食材

奶油 100g
tip.要抹在模具裡的少量奶油另外準備。
蛋白 80g
砂糖 80g
蜂蜜 10g
杏仁粉 45g
低筋麵粉 40g
泡打粉 1.5g
鹽巴 1g
無花果乾 55g
水 30ml
橙酒 15 ml

準備工作

1
準備1格10cm×4.5cm，
共有9格的費南雪模具。

2
將無花果乾切碎，用水與橙酒浸泡半天。

3
塗抹在模具中的奶油與蛋白
需要是室溫狀態。

4
杏仁粉、低筋麵粉、泡打粉、鹽巴
一起過篩。

how to make

烤箱

份量9個

溫度攝氏 180°C

時間12至15分

1 將無花果乾切碎，在水與橙酒中浸泡半天左右。

2 將另外準備的奶油（室溫狀態）塗抹在模具中。

3 將奶油(100g)放入湯鍋中加熱融化。

4 煮到水份完全蒸發後就關火。

5 倒到篩網上冷卻。

6 將砂糖加入室溫蛋白中拌勻。

7 將過篩好的杏仁粉、低筋麵粉、泡打粉、鹽巴倒入盆中拌勻。

8 將溫度降至微溫的奶油一點一點倒入麵糊中拌勻。

9 將步驟1泡好的無花果乾撈出來，加入8的麵糊中拌勻。

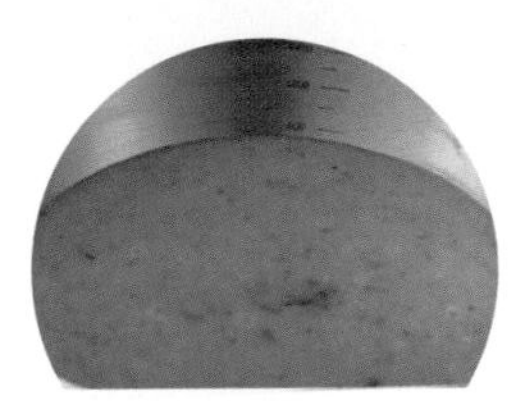

麵糊完成的樣子。用保鮮膜包起來放進冰箱冷藏休息1小時。

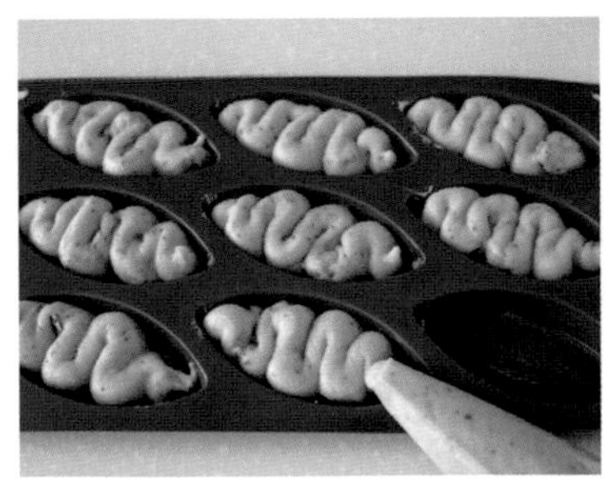

10 將麵糊裝入擠花袋中擠到模具裡。

11 放入攝氏180℃的烤箱烤12至15分鐘。

tip

只要擠到模具的90%滿就好。

• Financier •
4

Financier

4

南瓜費南雪

Sweet Pumpkin Financier

我試著將顏色柔和、味道順口的烤南瓜加入費南雪當中。
南瓜隱約的甜十分迷人，令人一塊接著一塊停不下來，
很適合搭配黑芝麻費南雪一起送給長輩。

食材

奶油 100g
tip.要抹在模具裡的少量奶油另外準備。
蛋白 80g
砂糖 80g
蜂蜜 10g
杏仁粉 45g
低筋麵粉 35g
南瓜粉 8g
泡打粉 1.5g
鹽巴 1g
南瓜 30g

準備工作

1
準備1格10cm×4.5cm，
共有9格的費南雪模具。

2
塗抹在模具中的奶油與蛋白
需要是室溫狀態。

3
杏仁粉、低筋麵粉、南瓜粉、
泡打粉、鹽巴一起過篩。

how to make

份量9個

溫度攝氏 180°C

時間12至15分

1 將南瓜切碎準備好。

2 將另外準備的奶油（室溫狀態）塗抹在模具中。

3 將奶油(100g)放入湯鍋中加熱融化。

4 煮到水份完全蒸發後就關火。

5 倒到篩網上冷卻。

6 將砂糖加入室溫蛋白中拌勻。

7 將過篩好的杏仁粉、低筋麵粉、南瓜粉、泡打粉、鹽巴倒入盆中拌勻。

8 將溫度降至微溫的奶油一點一點倒入麵糊中拌勻。

麵糊完成的樣子。用保鮮膜包起來放進冰箱冷藏休息1小時。

9 將麵糊裝入擠花袋中擠到模具裡。

tip 只要擠到模具的90%滿就好。

10 將切好的南瓜放到麵糊上。

11 放入攝氏180℃的烤箱烤12至15分鐘。

• Financier • 5

Financier

5

黑芝麻費南雪

Black Sesame Financier

能聞到濃濃黑芝麻香的絕品黑芝麻費南雪，在烤的過程中就會讓家中瀰漫著炒芝麻的香味。
如果沒辦法準備黑芝麻糊，也可以直接將黑芝麻磨碎使用。

食材

奶油 90g
tip.要抹在模具裡的少量奶油另外準備。
蛋白 80g
砂糖 80g
蜂蜜 10g
杏仁粉 45g
低筋麵粉 40g
泡打粉 1.5g
鹽巴 1g
黑芝麻糊 10g
黑芝麻適量（裝飾用）

準備工作

1
準備1格10cm×4.5cm，
共有9格的費南雪模具。

2
塗抹在模具中的奶油與蛋白
需要是室溫狀態。

3
杏仁粉、低筋麵粉、泡打粉、
鹽巴一起過篩。

how to make

烤箱

份量9個

溫度攝氏 180°C

時間12至15分

1 將另外準備的奶油（室溫狀態）塗抹在模具中。

2 將奶油(100g)放入湯鍋中加熱融化。

3 煮到水份完全蒸發後就關火。

4 倒到篩網上冷卻。

5 將砂糖加入室溫蛋白中拌勻。

6 將過篩好的杏仁粉、低筋麵粉、泡打粉、鹽巴倒入盆中拌勻。

7 將溫度降至微溫的奶油一點一點倒入麵糊中拌勻。

8 加入黑芝麻糊拌勻。

麵糊完成的樣子。用保鮮膜包起來放進冰箱冷藏休息1小時。

9 將麵糊裝入擠花袋中擠到模具裡。

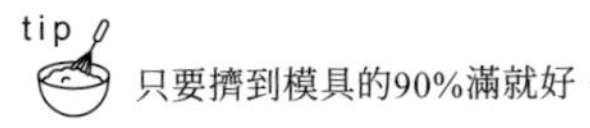

tip 只要擠到模具的90%滿就好。

10 撒上黑芝麻。

11 放入攝氏180℃的烤箱烤12至15分鐘。

• Blondie •

Blondie

奶油起司覆盆子布朗迪

Cream Cheese Raspberry Blondie

布朗迪有個外號叫做白色布朗尼，口感與布朗尼十分相似，
但與一定要有巧克力的布朗尼不同，是能夠使用各種食材製作，創造無窮滋味的甜點。
這次介紹的食譜，是清爽不膩的起司蛋糕口味布朗迪。

麵糊食材

奶油 90g
砂糖 100g
雞蛋 75g
香草濃縮液 1g
中筋麵粉 120g
泡打粉 4g
鹽巴 1g

餡料食材

奶油起司 150g
砂糖 30g
雞蛋 30g

覆盆子 100g

準備工作

1
在2號(18cm×18cm)的方形蛋糕模中鋪好烘焙紙。

2
準備室溫狀態的奶油、雞蛋與奶油起司。

3
中筋麵粉、泡打粉、鹽巴一起過篩。

how to make

烤箱

2號(18cm×18cm)

溫度攝氏 180°C

時間30至35分

1 將室溫的奶油輕輕打散。

2 加入砂糖打在一起。

3 將室溫的雞蛋一點一點倒入打在一起。

4 將篩好的中筋麵粉、泡打粉與鹽巴倒入拌勻。

5 加入香草濃縮液拌勻，麵糊就完成了。

6 將室溫的奶油起司與砂糖拌在一起。

7 將雞蛋加入步驟6的盆中拌勻，做成奶油起司餡料。

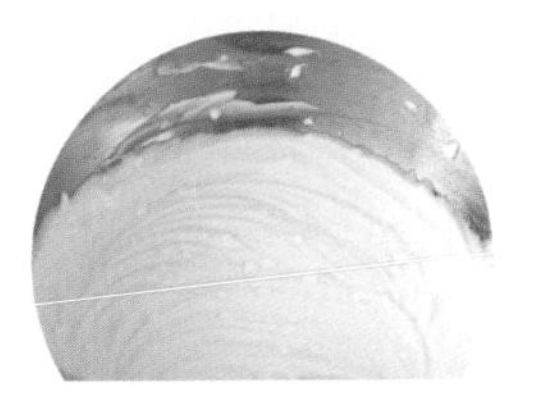

奶油起司餡料完成的樣子。

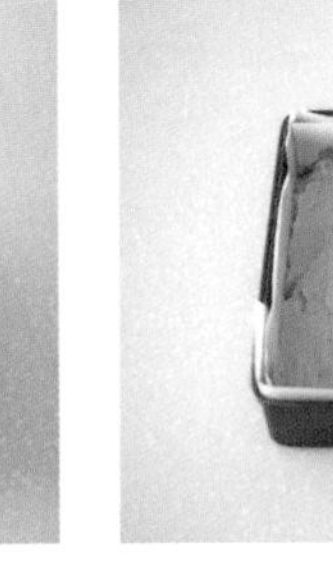

8 將步驟5的麵糊倒入鋪好烘焙紙的模具中，再將一半的奶油起司餡料均勻抹在麵糊上。

tip 每倒一次麵糊就要把麵糊整平，然後再倒下一次麵糊。

9 鋪上覆盆子。

10 將剩下的奶油起司餡料塗抹在覆盆子上，然後用牙籤輕輕拌一下。

tip 用牙籤攪拌不是為了花紋，而是要讓層層堆疊的麵糊能夠稍微混合。可以不用太花心思處理表面的圖案。

11 放入攝氏180℃的烤箱烤30至35分鐘，烤好之後放在冷卻網上散熱。

• Brownie •

• Brownie •

濕潤布朗尼

Moist Brownie

布朗尼的做法簡單，是很受烘焙新手喜愛的選擇。
只要簡單拌個幾次就能完成麵糊，注意烤的時間跟溫度，
就能夠做出濕潤又濃郁的布朗尼了。

食材

•

黑巧克力 180g
奶油 120g
砂糖 120g
雞蛋 100g
香草濃縮液 3g
中筋麵粉 60g
泡打粉 1.5g
鹽巴 1g

準備工作

•

1
在2號(18cm×18cm)的
方形蛋糕模中鋪好烘焙紙。

2
準備室溫狀態的雞蛋。

3
中筋麵粉、泡打粉、鹽巴
一起過篩。

how to make

烤箱

2號(18cm×18cm)

溫度攝氏 180°C

時間30至35分

1 黑巧克力與奶油用微波爐或隔水加熱融化。

2 將砂糖與室溫雞蛋拌在一起。

3 再把步驟1熱好後放至微溫狀態的巧克力與奶油倒入盆中拌勻。

4 將篩好的中筋麵粉、泡打粉與鹽巴倒入拌勻。

5 加入香草濃縮液拌勻，麵糊就完成了。

6 將麵糊倒入鋪好烘焙紙的模具中，放入攝氏180℃的烤箱烤30至35分鐘。

7 烤好的布朗尼從烤箱中拿出來，放在冷卻網上散熱。

tip 

拿還有一點溫度的布朗尼搭配香草冰淇淋吃別有一番風味。不過還沒有完全冷卻的布朗尼很容易破掉，脫模的時候必須多注意。

CHAPTER 7

蛋糕

在開始做蛋糕之前

本章將介紹使用原味蛋糕片、巧克力蛋糕片製成的一般蛋糕、蛋糕捲、戚風蛋糕、杯子蛋糕等多種類蛋糕食譜。不同的食譜中將會介紹多種不同的蛋糕片作法，其中若需要在模具中鋪烘焙紙的話，建議在製作麵糊之前就先將烘焙紙準備好。一起來了解如何將烘焙紙鋪在圓形模具與淺蛋糕烤盤上吧。

在圓形蛋糕模中鋪烘焙紙

1 將模具放在烘焙紙上，沿著底部畫出一個圓，並標示出側面的高度。
2 剪的時候要比原本畫的圓小2至3mm，圍繞側面的部分則依照標示折起來，剪成一條長長的帶子。
3 將烘焙紙鋪在模具的底部與側面。

在淺蛋糕烤盤上鋪烘焙紙

1	2
3-1	3-2

1　配合烤盤的大小剪裁烘焙紙，將烘焙紙折成烤盤的形狀然後再攤平。

2　如圖所示將四個角剪開。

3　如照片所示，將剪開的角疊合，再把烘焙紙鋪到烤盤上。

完成的蛋糕可以放在蛋糕盒或密封容器中冷藏，一般可放置二到三天。如果不裝進蛋糕盒或容器中而是直接冰在冰箱裡，蛋糕體會容易乾燥導致口感變差，尤其切開吃剩的蛋糕更明顯。

除了蝦子培根法式鹹派與杯子蛋糕之外，其他的蛋糕從冰箱拿出來後就能直接吃。鹹派熱熱吃才好吃，建議用烤箱或微波爐加熱。杯子蛋糕冷藏後則建議稍微等奶油軟化再吃比較好。

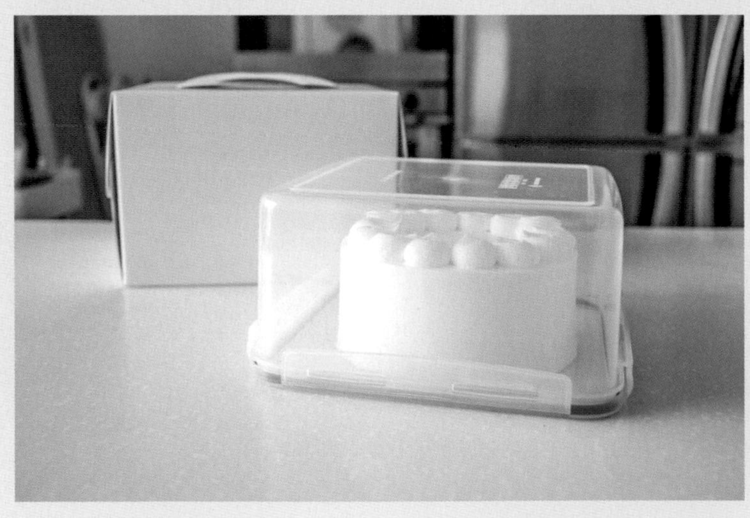

• Cake • 1

. Cake .

1

草莓鮮奶油蛋糕

Strawberry Short Cake

男女老少都愛的草莓鮮奶油蛋糕，實在不需要多加說明。
在蛋糕片上塗抹覆盆子利口酒糖漿，就能讓口感更佳濕潤，
也能使蛋糕產生更適合搭配草莓的風味。草莓季時別錯過，一定要做來吃吃看。

蛋糕片食材

雞蛋 150g
砂糖 80g
低筋麵粉 75g
牛奶 15g
奶油 10g

糖漿食材

水 20g
砂糖 10g
覆盆子利口酒 5g

奶油食材

鮮奶油 350g
砂糖 35g

草莓適量

準備工作

1
在1號（直徑15cm）的高蛋糕模中鋪烘焙紙。

2
低筋麵粉過篩。

3
糖漿與砂糖加水熬煮，砂糖融化後關火，加入覆盆子利口酒拌勻後放涼。

how to make

烤箱

1號 (直徑 15cm)

溫度攝氏170°C

時間25分

1 將砂糖倒入雞蛋中，用熱水隔水加熱並以電動手持攪拌器打發。

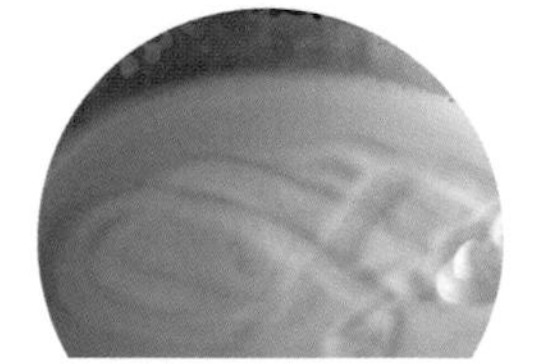

打到能用攪拌刀在麵糊表面畫出緞帶圖案即可。

2 倒入篩好的低筋麵粉拌勻。

3 將牛奶與融化的奶油倒入另一個盆中拌勻，接著將步驟2的部分麵糊倒入盆中拌勻。

4 將步驟3與奶油拌在一起的麵糊重新倒回步驟2的盆中，拌勻後麵糊就完成了。

5 將麵糊倒入鋪好烘焙紙的模具中，放入攝氏170℃的烤箱烤25分鐘。

6 將烤好後完全冷卻的蛋糕用不鏽鋼條固定，切成3片1.5cm厚的蛋糕片。.

tip

請使用1.5cm厚的不鏽鋼條。切蛋糕時刀子可以微微壓著鋼條，這樣才有支撐的施力點。

7 準備好草莓與糖漿。

8 將糖漿抹在蛋糕片上。

9 抹上加了砂糖，打發至85%的鮮奶油（參考第20頁）。

tip 可以用左手向前拉的方式轉動轉盤。轉動轉盤的同時將抹刀放在蛋糕片上，藉著前後塗抹的動作將鮮奶油抹在蛋糕片上。

10 放上草莓，然後再塗抹鮮奶油。

11 重複步驟8至10的過程，然後放上最後一片蛋糕片再塗抹糖漿。

12 在蛋糕表面均勻塗抹鮮奶油。

tip 要塗抹側面的鮮奶油時，可以將刮刀直立並貼合蛋糕側面（9點鐘方向），然後再轉動轉盤，就能夠順利替蛋糕側面塗抹鮮奶油。刮刀會固定在蛋糕側面，不會移動。

13 在蛋糕上放上大量鮮奶油，並以刮刀均勻塗抹至整顆蛋糕上。

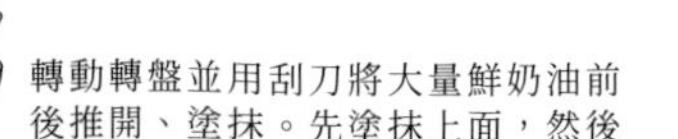

tip 轉動轉盤並用刮刀將大量鮮奶油前後推開、塗抹。先塗抹上面，然後再將刮刀直立貼合蛋糕側面（9點鐘方向），前後移動將被推到側邊的鮮奶油均勻塗抹在蛋糕側面，直到整顆蛋糕被鮮奶油覆蓋。

14 鮮奶油塗抹完畢後，就將蛋糕放到盤子或蛋糕架上。

tip 最後可以將刮刀貼在蛋糕的上面與側面，轉動轉盤以將鮮奶油整平。

15 剩下的鮮奶油裝入裝有圓形花嘴的擠花袋，擠出水滴形狀的鮮奶油做裝飾，然後再放上草莓就完成了。

• Cake • 2

. Cake .

2

覆盆子巧克力蛋糕

Raspberry Chocolate Cake

巧克力甜點大多都是為小孩子做的，
不過濃郁的巧克力蛋糕片搭配微苦的巧克力鮮奶油製成的巧克力蛋糕，
是能讓大人也輕鬆享用的甜點。另外也可再加上酸甜的覆盆子，讓口味更加清爽。

蛋糕片食材

雞蛋 180g
砂糖 95g
低筋麵粉 80g
可可粉 20g
牛奶 15g
奶油 10g

奶油食材

鮮奶油 300g
黑巧克力 90g

覆盆子果醬 45g
覆盆子適量

準備工作

1
在1號（直徑15cm）的高圓形蛋糕模中鋪烘焙紙。

2
低筋麵粉與可可粉一起過篩。

how to make

烤箱

1號 (直徑 15cm)

溫度攝氏170°C

時間25分

1 將砂糖倒入雞蛋中，用熱水隔水加熱並以電動手持攪拌器打發。

打到能用攪拌刀在麵糊表面畫出緞帶圖案即可。

2 倒入篩好的低筋麵粉與可可粉拌勻。

3 將牛奶與融化的奶油倒入另一個盆中拌勻，接著將步驟2的部分麵糊倒入盆中拌勻。

4 將步驟3與奶油拌在一起的麵糊重新倒回步驟2的盆中，拌勻後麵糊就完成了。

5 將麵糊倒入鋪好烘焙紙的模具中，放入攝氏170℃的烤箱烤25分鐘。

6 將烤好後完全冷卻的蛋糕用不鏽鋼條固定，切成4片1cm厚的蛋糕片。

tip

請使用1cm厚的不鏽鋼條。切蛋糕時刀子可以微微壓著鋼條，這樣才有支撐的施力點。

7 將黑巧克力融化，鮮奶油打發至50至60%。

8 將融化的黑巧克力與鮮奶油拌在一起，打發至80至90%的狀態。

9 在蛋糕片上塗抹一層薄薄的覆盆子果醬。

10 將巧克力鮮奶油裝入裝有圓形擠花嘴的擠花袋，按照照片所示進行擠花裝飾。首先沿著邊緣擠出水滴狀的奶油，接著再將內部填滿，最後放上覆盆子。

11 再擠一次鮮奶油覆蓋覆盆子，並蓋上蛋糕片。

12 步驟9至11再重複兩次，然後放上最後一片蛋糕片。

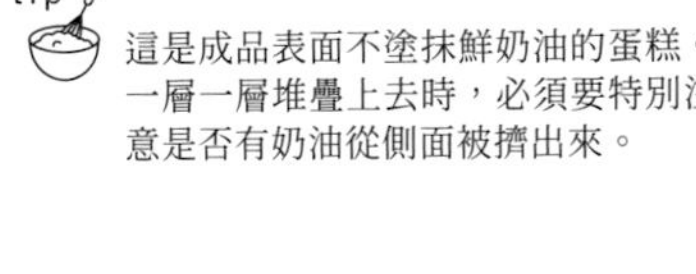

tip

這是成品表面不塗抹鮮奶油的蛋糕。一層一層堆疊上去時，必須要特別注意是否有奶油從側面被擠出來。

13 在最上層擠出水滴狀的鮮奶油做裝飾，最後再放上覆盆子就完成了。

• Cake •
3

. Cake .

3

藍莓青葡萄蛋糕

Blueberry Green Grape Cake

加入酸酸的藍莓與青葡萄製成的鮮奶油蛋糕，非常適合夏天享用。
因為是適合用湯匙舀來吃的蛋糕，作法跟吃法都十分簡單。
用相同的食譜也能做出一般圓形的蛋糕，各位可以依照個人喜好製作。

蛋糕片食材

•

雞蛋 150g
砂糖 80g
低筋麵粉 75g
牛奶 15g
奶油 10g

糖漿食材

•

水 50g
砂糖 25g
柳橙利口酒 5g

奶油食材

•

鮮奶油 300g
砂糖 15g

藍莓果醬 35g
青葡萄適量
藍莓適量

準備工作

•

1
在1號（直徑15cm）的高圓形蛋糕模中鋪烘焙紙。

2
準備寬6.5cm×長12cm×高7cm的容器4個。

3
低筋麵粉過篩。

4
砂糖加水熬煮糖漿，等砂糖融化後就關火，加入柳橙利口酒拌勻後放涼。

how to make

烤箱

6.5cm×12cm×7cm 4個

溫度攝氏 170°C

時間25分

1 將砂糖倒入雞蛋中，用熱水隔水加熱並以電動手持攪拌器打發。

2 倒入篩好的低筋麵粉拌勻。

3 將牛奶與融化的奶油倒入另一個盆中拌勻，接著將步驟2的部分麵糊倒入盆中拌勻。

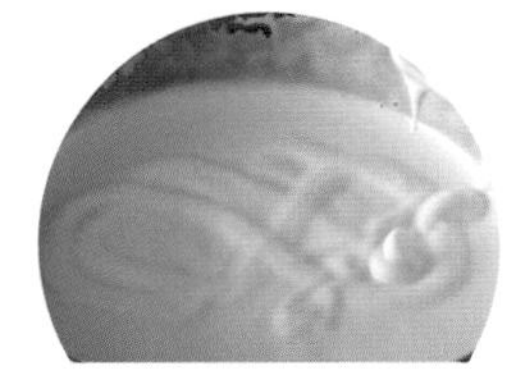

打到能用攪拌刀在麵糊表面畫出緞帶圖案即可。

4 將步驟3與奶油拌在一起的麵糊重新倒回步驟2的盆中，拌勻後麵糊就完成了。

5 將步驟4的麵糊倒入鋪好烘焙紙的模具中，放入攝氏170℃的烤箱烤25分鐘。

6 將烤好後完全冷卻的蛋糕切成寬5cm×長11cm×高0.8cm的蛋糕片。

tip

請使用0.8cm厚的不鏽鋼條。先切成0.8cm厚，再用尺修成5cm×11cm的大小。

7 準備好藍莓與青葡萄，藍莓果醬則裝入擠花袋中。

8 在切好的蛋糕片正反兩面塗抹上糖漿。

9 將蛋糕片放入容器中，接著用擠花袋把糖漿與打發到70至80%的鮮奶油（參考第20頁）擠上去，然後將青葡萄放在鮮奶油上。

10 青葡萄上再放一片蛋糕片，接著擠上鮮奶油與藍莓果醬。

11 果醬上面再放上蛋糕片，然後擠上鮮奶油。最後再一次以之字形擠上鮮奶油，並用藍莓與青葡萄裝飾就完成了。

• Cake • 4

• Cake •

4

紅蘿蔔蛋糕

Carrot Cake

如果咖啡廳的蛋糕展示櫃裡沒有紅蘿蔔蛋糕，那真的很可惜。
因為大量紅蘿蔔可以讓蛋糕片保持濕潤口感，
再搭配加了奶油起司的奶油，真的非常適合搭配咖啡。
就算只單烤蛋糕片來吃也很美味，保持又健康，可以當成代餐用的麵包享用。

蛋糕片食材

雞蛋 130g
砂糖 170g
沙拉油 120g
中筋麵粉 155g
小蘇打粉 2.5g
泡打粉 2.5g
肉桂粉 2g
鹽巴 2g
紅蘿蔔 170g

奶油食材

安格列斯奶油霜 300g
tip.參考第21頁
奶油起司 100g

肉桂粉適量

準備工作

1
在淺蛋糕烤盤
（長39cm×寬29cm×高4.5cm）
中鋪上烘焙紙。

2
中筋麵粉、小蘇打粉、
泡打粉、肉桂粉、鹽巴
一起過篩。

how to make

烤箱

淺蛋糕烤盤 (29cm×39cm×4.5cm)

溫度攝氏 180°C

時間20分

1 將砂糖倒入雞蛋中。

2 倒入沙拉油拌勻。

3 將篩好的中筋麵粉、小蘇打粉、泡打粉、肉桂粉與鹽巴倒入盆中拌勻。

4 加入用食物處理機切碎的紅蘿蔔，拌勻麵糊後就完成了。

tip

也可以直接用刨絲板刨出來的紅蘿蔔，或是先用刨絲板刨過之後，再用刀子切碎也無妨。

5 將麵糊倒入鋪好烘焙紙的模具中，放入攝氏180℃的烤箱烤20分鐘。

6 烤好後連同模具一起拿出來放到冷卻網上放置，直到完全冷卻為止。

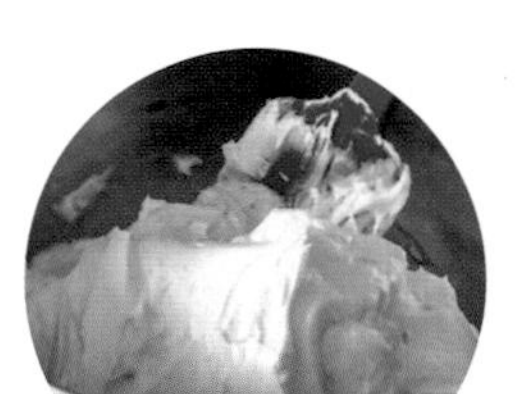

奶油完成的樣子。

7 將安格列斯奶油雙根奶油起司打在一起。

8 如果蛋糕片邊緣凹凸不平，請用刀子修平整後再切成四等分。然後將奶油裝入裝有圓形擠花嘴的擠花袋中。

9 將奶油平整地擠在蛋糕片上，然後再放上一片蛋糕片。

10 步驟9重複兩次，接著在最上層擠出水滴狀的奶油。

11 撒上肉桂粉就完成了。

• Cake • 5

• Cake •

5

抹茶草莓蛋糕捲

Green Tea Strawberry Roll Cake

草綠色的抹茶與紅色的奶油搭配在一起，就成了這款引人注目的美麗蛋糕捲。
蛋糕捲完成之後要密封起來放半天，這樣在切的時候形狀才不會跑掉。

蛋糕片食材

•

雞蛋 200g
砂糖 90g
低筋麵粉 45g
抹茶 10g
牛奶 35g
奶油 10g

奶油食材

•

鮮奶油 300g
tip.裝飾用鮮奶油100g另外準備
砂糖 30g

草莓適量

準備工作

•

1
在淺蛋糕烤盤
(長39cm×寬29cm×高4.5cm)
中鋪上烘焙紙。

2
低筋麵粉、抹茶一起過篩。

how to make

烤箱

淺蛋糕烤盤 (29cm×39cm×4.5cm)

溫度攝氏170°C

時間15分

1 將砂糖倒入雞蛋中，用熱水隔水加熱並以電動手持攪拌器打發。

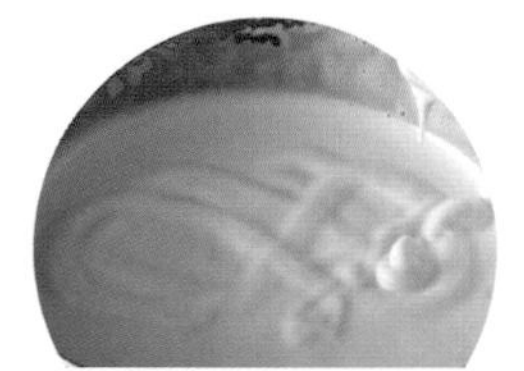

打到能用攪拌刀在麵糊表面畫出緞帶圖案即可。

2 倒入篩好的低筋麵粉與抹茶拌勻。

3 將牛奶與融化的奶油倒入另一個盆中拌勻，接著將步驟2的部分麵糊倒入盆中拌勻。

4 將步驟3與奶油拌在一起的麵糊重新倒回步驟2的盆中，拌勻後麵糊就完成了。

5 將步驟4的麵糊倒入鋪好烘焙紙的模具中，並用刮板整平。

6 放入攝氏170℃的烤箱烤15分鐘，烤好後再拿出來冷卻。

7 將蛋糕片放在烘焙紙上，抹上與砂糖一起打發成90至100%的鮮奶油（參考第20頁）。

8 將鮮奶油抹平後放上草莓。

tip

轉動蛋糕片，讓較短的那一邊朝前再放上草莓。也可以不轉蛋糕片，讓長的那邊朝前並放上草莓，但如果是後面這種情況，蛋糕捲的尺寸可能會稍微小一點。

9 將蛋糕片捲起來包覆草莓。

Cake

10 捲的時候用尺固定住，可以捲得更紮實。

tip

請確認左右兩側的奶油是否如照片一樣被擠出來，如果壓得太用力也可能導致草莓被擠出來，建議慢慢地一點一點加壓會比較好。

11 用烘焙紙將蛋糕捲包起來，並把左右兩邊封起來之後，放進冰箱裡冷藏半天固形。

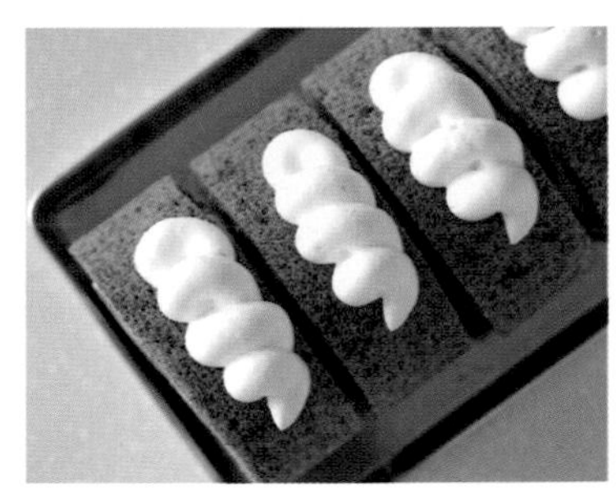

12 將打發至80%的鮮奶油(100g)裝入裝有圓形擠花嘴的擠花袋中，擠在蛋糕捲上做裝飾就完成了。

• Cake • 6

. Cake .

6

提拉米蘇

Tiramisu

讓提拉米蘇美味的秘訣，就在於蛋糕片必須充分浸泡咖啡糖漿。
如果是用巧克力蛋糕片，味道會更加深沉濃郁。
做好的提拉米蘇應該放冰箱冷藏熟成再吃，
這樣才能好好感受咖啡、馬斯卡彭起司、可可完美融合在一起的美味，別忘記囉。

蛋糕片食材

雞蛋 180g
砂糖 95g
低筋麵粉 80g
可可粉 20g
牛奶 15g
奶油 10g

可可粉適量

奶油食材

蛋黃 45g
砂糖 75g
馬斯卡彭起司 210g
鮮奶油 210g

糖漿食材

水 20g
砂糖 10g
濃縮咖啡 30ml

準備工作

1
在1號（直徑15cm）的高圓形蛋糕模中鋪烘焙紙。

2
準備2個長19.8cm×寬10.5cm×高5cm的容器。

3
低筋麵粉與可可粉一起過篩。

4
糖漿用砂糖加水熬煮，煮到砂糖融化後即可關火，再倒入濃縮咖啡拌勻後放涼。

how to make

烤箱

10.5cm×19.8cm×5cm 容器2個

溫度攝氏 170°C

時間25分

1 將砂糖倒入雞蛋中，用熱水隔水加熱並以電動手持攪拌器打發。

2 倒入篩好的低筋麵粉與可可粉拌勻。

3 將牛奶與融化的奶油倒入另一個盆中拌勻，接著將步驟2的部分麵糊倒入盆中拌勻。

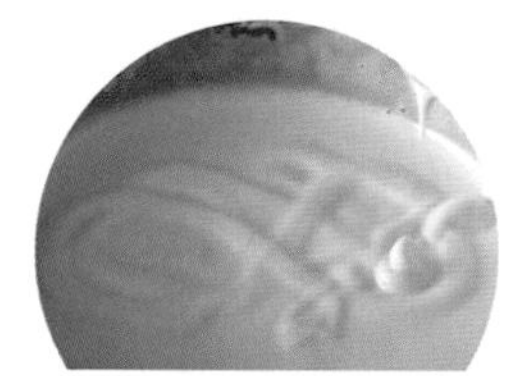

打到能用攪拌刀在麵糊表面畫出緞帶圖案即可。

4 將步驟3與奶油拌在一起的麵糊重新倒回步驟2的盆中，拌勻後麵糊就完成了。

5 將步驟4的麵糊倒入鋪好烘焙紙的模具中，放入攝氏170℃的烤箱烤25分鐘。

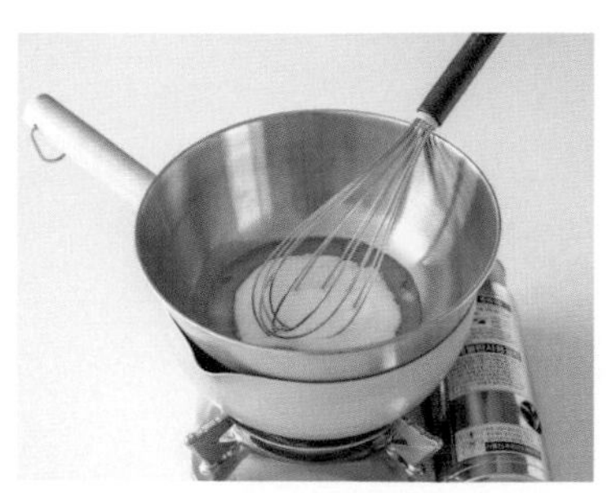

6 將蛋黃與砂糖倒入鍋中，隔水加熱、打發至變成黏稠狀。

tip

這個步驟是在製作炸彈麵糊(Pâte à Bombe)。加熱攪拌至濃度變得黏稠，或是用溫度計測量，確定溫度在80至85℃之間即可。

7 攪拌至冷卻為止。

8 加入馬斯卡彭起司攪拌。

9 加入打發至70%的鮮奶油（參考第20頁）攪拌。

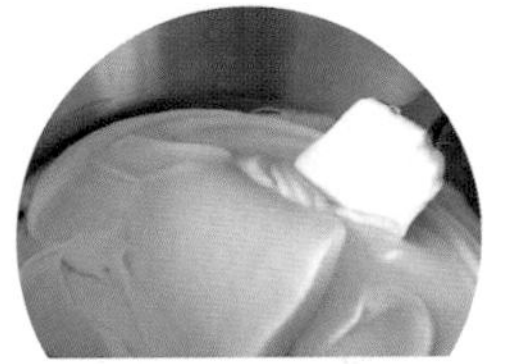

奶油完成的樣子。

10 將蛋糕片切成1cm高，再修整成適合裝入容器中的大小。

tip 利用不鏽鋼條切成4片1cm高的蛋糕片之後，再將蛋糕片修整成適合容器的尺寸。

11 所有蛋糕片的其中一面都要塗抹大量的糖漿。接著將蛋糕片放入容器中，然後倒入奶油至容器高度的一半。

tip 糖漿不要剩下，全部塗抹到蛋糕片上，這樣濃郁的咖啡香就會滲入蛋糕片中，讓提拉米蘇的味道更有層次。

12 再放上一層蛋糕片，然後倒入奶油裝滿容器。

13 用篩網撒上可可粉就完成了。

Cake

• Cake • 7

. Cake .

7

香草起司蛋糕

Vanilla Cheesecake

利用以薄脆餅乾做成餅乾底，
再加入明膠凝固的方法，就可以輕鬆地做出起司蛋糕。
製作方法雖然簡單，但也因為加入一整個香草豆莢，
使得整塊蛋糕都能品嘗到高級的風味。

餅乾底

鹹薄脆餅 100g
奶油 40g

起司慕斯

明膠片 3片
奶油起司 200g
糖粉 50g
香草豆莢 1個
鮮奶油 200g

鮮奶油 100g（塗裝用）

準備工作

準備一個2號（直徑18cm），
底部可分離的模具。

how to make

份量

2號(直徑18cm)

1 將明膠片泡入冰水中。

2 將薄脆餅放入夾鏈袋中，用擀麵棍擀碎。

3 奶油融化後與步驟2拌在一起。

4 將步驟3的奶油倒入底部可分離的模具中，鋪平成餅乾底。

5 將泡開的明膠用熱水隔水加熱融化。

6 將奶油起司、糖粉、刮下來的香草籽倒入盆中拌勻。

tip 請先準備底部可分離的模具。

7 將200g打發至60%的鮮奶油（參考第20頁）倒入步驟6的盆中拌勻。

8 將融化的明膠倒入步驟7的盆中拌勻，起司慕斯就完成了。

tip 明膠的溫度要是變低就會再凝固，請盡快攪拌。

9 起司慕斯倒入步驟4的盆中後，放入冰箱冷凍3小時，使其完全凝固。

10 脫模後將100g打發至80%的鮮奶油，薄薄地塗抹在表面就完成了。

tip 脫模的時候可以用熱抹布包覆模具，這樣脫模會比較容易。在蛋糕表面塗抹鮮奶油的方法，可以參考「草莓鮮奶油蛋糕（第256頁）」的內容。

• Cake • 8

. Cake .

8

奶茶戚風

Milk Tea Chiffon Cake

這款蛋糕就像泡好的茶加入牛奶混合成奶茶，或是直接用牛奶泡成奶茶的滋味。
這款奶茶戚風蛋糕用加入濃郁的紅茶做成的戚風蛋糕夾著鮮奶油，
吃的時候嘴裡都會瀰漫著紅茶香。

戚風食材

牛奶 100g
紅茶茶包 4個
蛋黃 75g
砂糖 A 40g
葡萄籽油 55g
低筋麵粉 100g
泡打粉 3g
蛋白 150g
砂糖 B 60g

奶油

鮮奶油 200g
砂糖 20g

準備工作

1
準備2號（直徑18cm）的戚風蛋糕模1個。

2
低筋麵粉與泡打粉一起過篩。

how to make

烤箱

2號(直徑 18cm)

溫度攝氏 180°C

時間25分

1 將紅茶包放入熱好的牛奶中浸泡。

2 蛋黃與砂糖A拌在一起。

3 在步驟2的盆中加入葡萄籽油，拌勻後再加入泡好的紅茶拌勻。

4 將篩好的低筋麵粉與泡打粉倒入拌勻。

5 將蛋白倒入另一個盆中，砂糖B分三次加入，並用手持電動攪拌器打發。

6 打發成攪拌刀拿起時能拉出尖角的紮實蛋白霜。

7 將步驟6的蛋白霜分三次加入步驟4的盆中拌勻。

麵糊完成的樣子。

8 將麵糊倒入模具中，以攝氏180℃的烤箱烤25分鐘。

9 從烤箱拿出來之後立刻倒扣讓蛋糕冷卻。

10 帶完全冷卻後，利用刮刀將蛋糕與模具分離。

11 用刀子把戚風底部切平，然後再切成10等分。

12 用刀子每一塊蛋糕中間微微切開，切出能擠奶油的空間。

13 將加入砂糖後打發至90%的鮮奶油（參考第20頁）裝入裝有星星擠花嘴的擠花袋中，再把奶油擠到戚風蛋糕中間。

• Cake •

9

. Cake .

9

蝦子培根法式鹹派

Shrimp Bacon Quiche

在作為正餐也很受歡迎的鹹派中加入許多喜歡的食材，做起來別有一番樂趣。
放入餡料中的食材必須先煮熟，這樣用烤箱料理食材能讓鹹派熟透。
吃剩的鹹派可以再以微波爐或烤箱加熱後再吃。

派皮食材

低筋麵粉 250g
鹽巴 2g
奶油 125g
雞蛋 50g
蛋黃1個

餡料食材

洋蔥1個
培根5片
蝦子10隻
沙拉油適量
番茄醬 150g
鮮奶油 100g

帕馬森起司適量

準備工作

1
準備高的塔烤盤（直徑20cm）1個及鎮石。

2
將低溫奶油切成方塊狀，然後再放回冰箱冷藏，要用之前再拿出來。

3
低筋麵粉與鹽巴一起過篩。

Cake

how to make

烤箱

直徑 20cm

溫度攝氏 180°C

時間15分+5分+30分

1 將篩好的低筋麵粉與鹽巴倒入盆中，再加入低溫奶油，接著用刮板用切的方式攪拌，直到將奶油切成紅豆般大小為止。

2 加入低溫的雞蛋，同樣用切的方式攪拌。

3 等麵團成塊之後，就把麵團揉在一起並用保鮮膜包起來，放進冰箱冷藏30分鐘休息。

4 洋蔥切絲，培根與蝦子切成方便食用的大小。

5 將沙拉油倒入平底鍋，洋蔥先下鍋炒。

6 接著培根與蝦子下鍋一起炒。

7 加入番茄醬與鮮奶油。

8 煮到水分收到剩下適當的份量為止。

9 將休息好的派皮拿出來，用擀麵棍擀成0.5cm厚。

10 將派皮麵團放入塔模中，並用叉子在底部戳出小洞。

11 放上鎮石，並放入攝氏180℃的烤箱中烤15分鐘，接著將鎮石拿開後再烤5分鐘。

12 從烤箱拿出來後立刻塗抹上蛋黃。

13 倒入步驟8的餡料，撒上帕馬森起司後，再放入攝氏180℃的烤箱中烤30分鐘。

tip 烤的過程中表面可能會烤焦，建議可以蓋上一層鋁箔紙。

14 烤好的鹹派連模具一起拿出來冷卻，冷卻後再脫模。

• Cake •

10

. Cake .

10

碎巧克力杯子蛋糕

Nutella Chocolate Cupcake

懷念超甜點心的時候，沒有比這款杯子蛋糕更合適的選擇。
想靠甜蜜滋味提振心情的日子，
就把帶著榛果香的Nutella奶油加到巧克力杯子蛋糕上吧。

杯子蛋糕食材

•

奶油 65g
砂糖 90g
雞蛋 60g
香草濃縮液適量
低筋麵粉 90g
可可粉 20g
泡打粉 4g
鹽巴一撮
牛奶 70g

奶油食材

•

安格列斯奶油霜 150g
tip.請參考第12頁
Nutella巧克力醬 50g

巧克力米

準備工作

•

1
準備6個鋁箔杯（底部直徑5.5cm）並鋪上烘焙紙。

2
準備室溫狀態的奶油與雞蛋。

3
低筋麵粉、可可粉、泡打粉與鹽巴一起過篩。

Cake

how to make

烤箱

6個份

溫度攝氏 180°C

時間15至20分

1 將室溫的奶油輕輕打散。

2 加入砂糖打在一起。

3 一點一點加入室溫的雞蛋與香草濃縮液並打在一起。

4 倒入篩好的低筋麵粉、可可粉、泡打粉與鹽巴後拌勻。

5 加入牛奶後拌勻，麵糊就完成了。

麵糊完成的樣子。

6 將麵糊分成6等分，倒入鋪有烘焙紙的鋁箔杯中。

tip 倒至杯子的60%滿。.

7 放入攝氏180℃的烤箱烤15至20分鐘，烤好後拿出來冷卻。

8 將安格列斯奶油霜與Nutella巧克力醬拌在一起做成奶油。

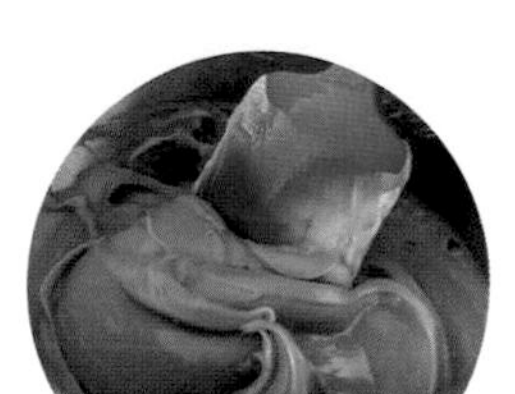

奶油完成的樣子。

9 將奶油裝入裝有圓形擠花嘴的擠花袋中並擠在杯子蛋糕上。接著用刮刀調整奶油的形狀，最後撒上巧克力米。

• Cake •
11

. Cake .

11

糖霜杯子蛋糕

Sprinkle Cupcake

在孩子的生日派對上端出這款杯子蛋糕，肯定會大受歡迎。
將巧克力米加入麵糊中拿去烤，就能烤出五彩繽紛的杯子蛋糕了。
擠在上面的奶油就選擇孩子喜歡的顏色吧。

杯子蛋糕食材

奶油 65g
砂糖 90g
雞蛋 60g
香草濃縮液適量
低筋麵粉 110g
泡打粉 4g
鹽巴一撮
牛奶 70g

奶油食材

安格列斯奶油霜 300g
tip.請參考第21頁
香草濃縮液 2g
粉紅色食用色素

準備工作

1
準備6個鋁箔杯（底部直徑5.5cm）並鋪上烘焙紙。

2
準備室溫狀態的奶油與雞蛋。

3
低筋麵粉、泡打粉與鹽巴一起過篩。

how to make

烤箱

6個份

溫度攝氏 180°C

時間15至20分

1 將室溫的奶油輕輕打散。

2 加入砂糖打在一起。

3 一點一點加入室溫的雞蛋與香草濃縮液並打在一起。

4 倒入篩好的低筋麵粉、可可粉、泡打粉與鹽巴後拌勻。

5 加入牛奶拌勻。

6 加入巧克力米拌勻，麵糊就完成了。

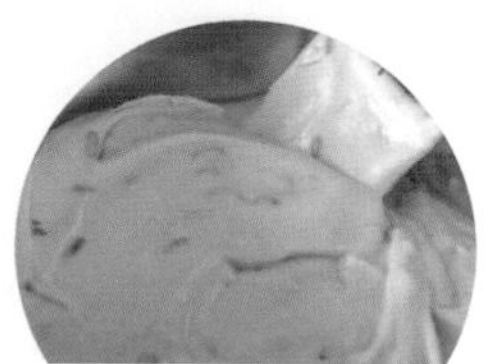

麵糊完成的樣子。

7 將麵糊分成6等分，倒入鋪有烘焙紙的鋁箔杯中。

tip 倒至杯子的百分之60滿。

8 放入攝氏180℃的烤箱烤15至20分鐘，烤好後拿出來冷卻。

9 將安格列斯奶油霜與香草濃縮液、食用色素拌在一起做成奶油。

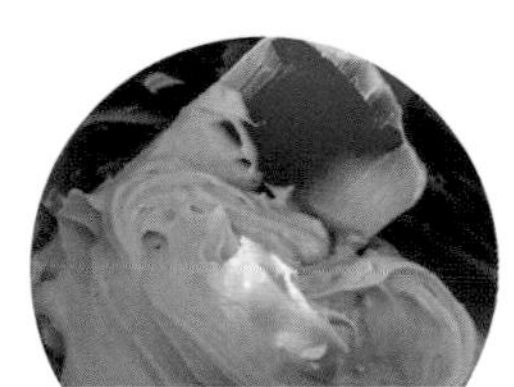

奶油完成的樣子。

10 將奶油裝入裝有星形擠花嘴的擠花袋中，並在蛋糕上擠成像霜淇淋的形狀。

• Cake •

12

. Cake .

12

葡萄柚咖啡杯子蛋糕

Grapefruit Coffee Cupcake

加入葡萄柚皮，香氣四溢的杯子蛋糕與咖啡奶油結合在一起，成了這款滋味新鮮且獨特的杯子蛋糕。
當作裝飾的葡萄柚切片，請先在食品乾燥機中充分乾燥再使用。

杯子蛋糕食材

- 奶油 65g
- 砂糖 90g
- 雞蛋 60g
- 香草濃縮液適量
- 低筋麵粉 110g
- 泡打粉 4g
- 鹽巴一撮
- 葡萄柚皮1/2顆葡萄柚份
- 牛奶 70g

奶油食材

- 安格列斯奶油霜 250g
  tip.請參考第21頁
- 咖啡濃縮液 10g

- 乾燥的葡萄柚切片3片

準備工作

1. 準備6個鋁箔杯（底部直徑5.5cm）並鋪上烘焙紙。
2. 準備室溫狀態的奶油與雞蛋。
3. 低筋麵粉、泡打粉與鹽巴一起過篩。

how to make

烤箱

6個份

溫度攝氏 180°C

時間15至20分

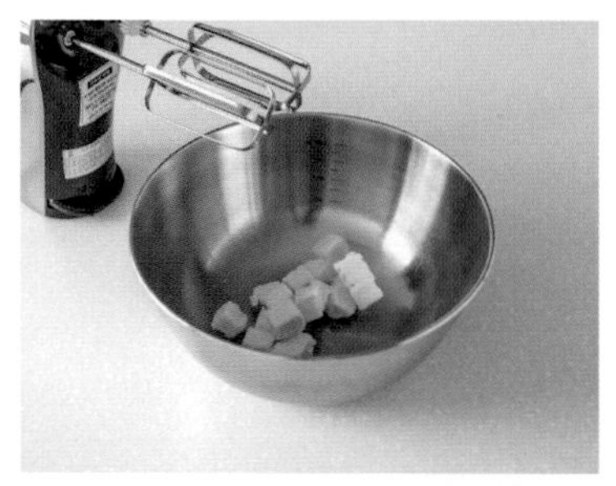

1 將室溫的奶油輕輕打散。

2 加入砂糖打在一起。

3 一點一點加入室溫的雞蛋與香草濃縮液並打在一起。

4 倒入篩好的低筋麵粉、可可粉、泡打粉與鹽巴後拌勻。

5 加入牛奶拌勻，麵糊就完成了。

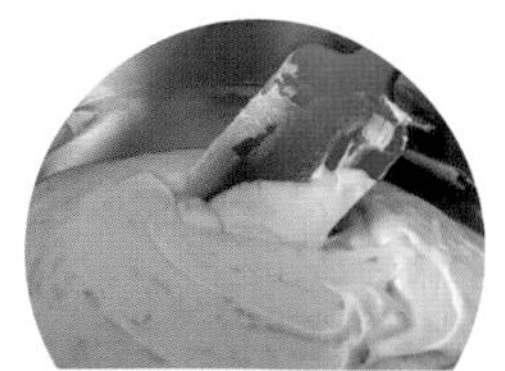

麵糊完成的樣子。

6 將麵糊分成6等分，倒入鋪有烘焙紙的鋁箔杯中。

tip
倒至杯子的60%滿。

7 放入攝氏180℃的烤箱烤15至20分鐘，烤好後拿出來冷卻。

8 將安格列斯奶油霜與咖啡濃縮液拌在一起做成奶油。

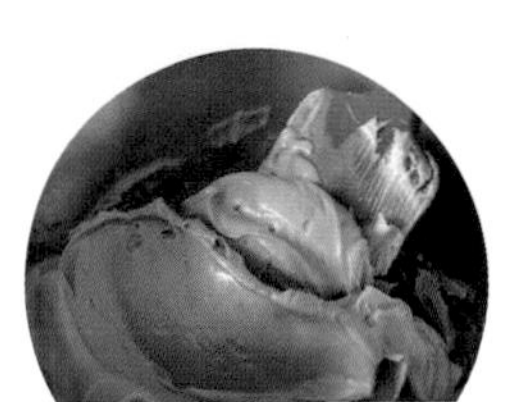

奶油完成的樣子。

9 將奶油裝入裝有圓形擠花嘴的擠花袋中，並在蛋糕上擠出水滴狀的奶油，最後放上乾燥的葡萄柚切片。

訂製韓國咖啡店的人氣甜點：來自首爾 Room for cake 烘焙教室的原創配方大公開

作　　者／朴志英
主　　編／蔡月薰
企　　劃／倪瑞廷
翻　　譯／陳品芳
美術設計／楊雅屏
內頁編排／郭子伶

第五編輯部總監／梁芳春
董事長／趙政岷
出版者／時報文化出版企業股份有限公司
108019 台北市和平西路三段 240 號 7 樓
讀者服務專線／ 0800-231-705、(02) 2304-7103
讀者服務傳真／ (02) 2304-6858
郵撥／ 1934-4724 時報文化出版公司
信箱／ 10899 臺北華江橋郵局第 99 信箱
時報悅讀網／ www.readingtimes.com.tw
電子郵件信箱／ books@readingtimes.com.tw
法律顧問／理律法律事務所 陳長文律師、李念祖律師
印 刷／勁達印刷有限公司
初版一刷／ 2021 年 4 月 16 日
定　　價／新台幣 620 元

時報文化出版公司成立於一九七五年，並於一九九九年股票上櫃公開發行，
於二〇〇八年脫離中時集團非屬旺中，以「尊重智慧與創意的文化事業」為信念。

訂製韓國咖啡店的人氣甜點：來自首爾 Room for cake 烘焙教室的
原創配方大公開 / 朴志英作；陳品芳翻譯.
-- 初版. -- 臺北市：
時報文化出版企業股份有限公司, 2021.04
面；　公分
譯自：시그니처 디저트
ISBN 978-957-13-8639-3(平裝)

1. 點心食譜
427.16　110001472